中文第一教室

wǒ yào xué hǎo 我要學好 pǔ tōng huà 普通話

cí huì piān 詞彙篇

畢宛嬰 著
陳焯嘉 圖

新雅文化事業有限公司
www.sunya.com.hk

以小見大　深入淺出

畢宛嬰是位才女。我常親切地叫她小畢。小畢之所以有才華，還得從老畢説起。小畢的父親畢克官先生是文學和繪畫兩棲的大家。畢老是漫畫家、中國漫畫史學家、散文作家、民窰瓷繪研究家。著述甚豐，得獎無數。畢老的夫人王德娟教授，是著名油畫家。小畢從小生活在文學藝術家的圈子裏，耳濡目染，有了靈氣。宛嬰這好聽的名字，就是大師豐子愷先生起的。畢克官先生得女，豐子愷先生送畫一幅相賀。題辭為「櫻桃豌豆分兒女，草草春風又一年」。豐先生以此畫題意給畢先生的初生女嬰命名為「宛嬰」。就這一點，夠小畢驕傲一輩子了。

小畢有靈氣，又勤力。她到香港後，教授中文和普通話，任教可銘學校期間，獲師生一人一票選為「最佳教師」。在繁忙的教學之餘，不停地寫作。為報刊寫專欄，為各級學校編寫普通話教材、中國語文教材，為香港讀者編寫各類學習普通話的趣味讀物。她視野開闊，隨父親一起寫散文，涉獵漫畫鑒賞、漫畫史題材。去年冬天，小畢送來了她與父親的合著《走近豐子愷》，由百年老店西泠印社出版，這本書內容翔實，圖文並茂，讓我愛不釋手。

現在，繼《我要學好普通話——語音篇》之後，《我要學好普通話——詞彙篇》又要出版了。裏面生動記載着香港人學習普通話的趣談，從一句引起歧義的話題開始，由一個惹人發笑的小故事入手，將普通話與廣東話一一對比，以小見大，深入淺出，易懂易學易記，使學習者越學越有興趣，越學越有效果。這些寶貴的材料不是隨意杜撰而來，而是來自作者教學的日積月累，也反映了作者對香港語言生活的細心觀察和體驗。

書後附有「常見粵普成語、俗語對照表」，很值得讀者關注。從粵普詞語的對比中，你可以發現很多有趣的語言現象：粵語説「白手興家」，普通話説「白手起家」，「興」和「起」是同義的構詞成分，「興起」大家都説。粵語説「水浸眼眉」，普通話説「火燒眉毛」，一「水」一「火」那是反映了南北文化的不同。通過這個詞語對照表，有助擴大你的詞彙量。

這本書並不只是給孩子們看的，它的內容，對學習普通話的人來説，老少咸宜；對教普通話的人來説，可以參考借鑒，增加教與學的樂趣。我借着寫序的機會，誠摯地向讀者推薦這本實用而又有趣味的書，也期望宛嬰不斷有新作出版。

田小琳
全國普通話培訓與測試專家指導委員會委員
2012 年金秋

目錄

粵普用詞，不論名詞、動詞、形容詞、量詞……均有差異，要學好普通話必先掌握粵普詞彙的差異！

字詞析義

中國語文中的一字一詞，即使意思相近，用法也可能不同，分清字義是學好普通話的重要一環！

趣味小知識

語言是生活的一部分，學習語言不能只掌握書本上的知識，更應從各方面增加對語言的了解和認識，學習普通話也不例外！

1. 七彩繽紛 VS 五彩繽紛

文浩：志輝，年初二我看煙花去了，真好看，七彩繽紛。

志輝：什麼？七彩繽紛？

文浩：是啊！

志輝：我們是五彩繽紛，你們怎麼多了兩彩？

文浩：啊？多了兩彩？

志輝：是啊，有些四字詞語廣東話和普通話不一樣。像普通話「五彩繽紛」，就比廣東話的「七彩繽紛」少了「兩彩」。

廣東話和普通話大部分固定詞語是一樣的，像光明磊落、亂七八糟。但也有一些有「一字之差」或「幾字之差」。

比如普通話說「包羅萬象」，廣東話說「包羅萬有」，一個是「象」，一個是「有」。普通話「三番五次」，廣東話說「三番四次」，「五」、「四」不同。

類似的還有：

借花敬佛——借花獻佛

七上八落——七上八下

前功盡廢——前功盡棄

牛頭唔搭馬嘴——驢唇不對馬嘴、牛頭不對馬嘴

唔理三七廿一——不管三七二十一

急不及待——迫不及待

不經不覺——不知不覺

多除少補——多退少補

妙想天開——異想天開

怎麼才知道普通話跟廣東話的四字詞語是不是一樣呢？除了查詞典，還可以試試用拼音輸入法打字，如果沒有出現你想要的詞，那麼有可能是你錯了。來！試試好嗎？開始！打「豬朋狗友」，有沒有？沒有。再打「狐朋狗友」，有沒有？有啦！那就是說：「豬朋狗友」不是普通話的說法，普通話說「狐朋狗友」。

大家可以參閱本書附錄（第 170 頁），那裏有很多這類詞語。

3分鐘練習

把廣東話句子翻譯成普通話，寫在橫線上。

1. 我借花敬佛，將表姐送畀我嘅冷衫畀咗堂妹。

____

2. 阿媽三番四次勸佢佢都唔聽，結果前功盡廢。

____

3. 佢唔理三七廿一，急不及待咁衝咗出去。

____

4. 你真係妙想天開，我話肯定唔得！

____

5. 呢個網頁啲嘢包羅萬有，版面設計七彩繽紛，好吸引。

____

____

2. 雪糕化了

阿強的媽媽給阿強添了個妹妹，星期天爸爸帶阿強去醫院看媽媽。媽媽看到阿強，高興地說：「阿強，快啲入嚟啦！你睇，你妹妹生得幾靚。」

媽媽說的話，如果用普通話該怎麼說呢？「入來」？「生得漂亮」？當然不行！

大家留意到沒有，有些兩個字的詞語，這兩個字的意思是完全一樣的，比如「進入」，「進」就是「入」，「入」就是「進」。

有些這樣的詞，在單用的時候，廣東話用一個字，普通話卻用另一個字。還以「進入」為例，廣東話說「入嚟」，普通話就不能說「入來」，要說「進來」。

廣東話說「生得靚」，普通話可不能說「生得漂亮」，要說「長得漂亮」。又如「計算」，廣東話取「計」字，說「你幫我計一計」；普通話取「算」字，要說「你幫我算一算」，很有意思。

下面再舉幾個例子：

溶化：雪糕**溶**咗——雪糕**化**了

肥胖：陳先生好**肥**——陳先生很**胖**

沙啞：劉老師把聲**沙**咗——劉老師嗓子**啞**了

理睬：小芬唔**睬**我——小芬不**理**我

醫治：呢個病冇得**醫**——這種病沒辦法**治**

霸佔：你早啲去**霸**位——你早點兒去**佔**座兒

憎恨：我**憎**呢個人——我**恨** / 討厭這個人

這類詞語還有不少，大家可以參閱本書附錄（第 172 頁）。

3分鐘練習

下面的詞語普通話一般怎麼說？在橫線上填上適當的字，完成句子。

1. 兇惡：陳先生看起來很 ______，其實人挺好的。
2. 派發：小榮，幫我把作文本 ______ 給同學們。
3. 穿着：今天降溫，你要多 ______ 一件衣服。
4. 稀罕：俗話說「物以 ______ 為貴」。
5. 痲痹：坐得太久了，我的腿都 ______ 了。

3.「飯盒」能吃嗎？

有的人身患疾病，有怪癖，愛吃紙、愛吃土等等，我們大多數人都不會這麼做。但是我們大多數人卻經常「吃」一種不能吃的東西——飯盒。是不是？因為我們經常會說「今日食飯盒」。

「飯盒」為什麼不能吃呢？因為「飯盒」在普通話中是一種裝飯的容器，是用金屬、塑料或是塑料泡沫做的，那怎麼能吃呢！

是的，廣東話有一類詞語，既可以寫又可以說，但說的時候也可以把兩個字顛倒過來說。例如一個小六畢業生被首選的中學錄取了，他收到的是「錄取通知書」；廣東話說「錄取」行，說「取錄」也行，而普通話卻只能「錄取」不能「取錄」。這一類詞有不少，如：

飯盒——盒飯 (hér fàn)

擠擁——擁擠 (yōng jǐ)

歡喜——喜歡 (xǐ huan)

紙碎——碎紙 (suì zhǐ)

臭狐——狐臭 (hú chòu)

怪責——責怪 (zé guài)

狗公——公狗 (gōng gǒu)

狗乸——母狗 (mǔ gǒu)

齊整——整齊 (zhěng qí)

其中「歡喜」、「齊整」，普通話也可以說，但口語中很少這麼用。「歡喜」一般用於詩歌等書面語，像「歡歡喜喜過新年」。

3分鐘練習

下面的廣東話詞彙中，哪些在普通話中也可以這樣說？把它們圈起來。

䪗鞦　　肚瀉　　紙鎮　　妒忌　　質素

歡喜　　經已　　人客　　齊齊整整

4. 手機不是手電！

內地遊客甲：你看，報紙上寫着「香港人平均一年換兩次手電」。

內地遊客乙：換那麼多次手電幹什麼？香港經常停電嗎？

內地遊客甲：不會吧？再說，真是這樣的話，也沒必要上報紙吧。

內地遊客乙：是啊！

聽過有人把手提電話叫「手電」嗎？我不但聽過，還在報紙上見過，甚至在名片上看到過。

一般來說，普通話跟廣東話一樣，當四字詞語需要簡化時，都取第一、第三個字，比如稱中文大學為「中大」。於是有人就取「手提電話」中的第一、第三個字，把它簡稱作「手電」。

其實把詞語簡化並不是一律都用第一、第三個字的，比如「清華大學」，人們會說「她兒子考上清華了」，沒人說「考上清大了」。「香港大學」說「港大」，用第二、第三個字，不會說「香大」。為什麼呢？原因很多，其中之一是，假設省略了兩個字之後，剩下的兩個字是一種早已存在的事物，那就一定不會用這兩個字了，要「迴避」，

另想辦法。怎麼迴避呢？完全不用擔心，到時候會「自然調節」。而在普通話裏，手提電話就是一個很好的例子，只取第一個字，再加一個字變成「手機」。

那麼，「手電」是什麼呢？是電筒！怪不得內地遊客覺得奇怪：一年換兩個電筒用得着報紙報導嗎？

在普通話裏，「手電筒」可以簡稱為「手電」或「電筒」，「手電」這個說法在內地早已深入人心了，如果「手提電話」省略時照一般規律，取第一、第三個字，手提電話不就成了手電筒了？那可不行！所以就出現了「自然調節」的現象——「手機」這個新詞就誕生了。

3分鐘練習

你知道下面這些機構的簡稱是什麼嗎？把答案寫在橫線上。

1. 香港科技大學——＿＿＿＿＿＿＿＿＿＿
2. 復旦大學——＿＿＿＿＿＿＿＿＿＿
3. 香港政府——＿＿＿＿＿＿＿＿＿＿
4. 平等機會委員會——＿＿＿＿＿＿＿＿＿＿
5. 金毛尋回犬——＿＿＿＿＿＿＿＿＿＿

5. 切了手還是切了臂？

一則新聞引起了我的注意：「法院審理青年在家自製炸彈案」。

在同一篇報紙報道中，先說他的左前臂被切除，又說他左手的前半部分被切除。在普通話為母語的人看來，這篇報道自相矛盾——到底是哪個部位被切除了？是手還是臂？

為什麼會有這種疑問？因為廣東話和普通話「手」的定義是不同的。普通話手是手，臂是臂，是兩回事。

手：人體上肢前端能拿東西的部分——就是從中指指尖到手腕。

臂：普通話口語是「胳膊」(gē bo)。是肩膀以下、手腕以上的部分。

前臂：由肘至手腕的部分。

上臂：肩膀至肘的部分。

讀者應該明白為什麼「外省人」會疑惑 (yí huò) 了吧？一會兒前臂被切除，一會兒手的前半部分被切除，差得很遠呢！

請記住「胳膊」這個詞，因為現實生活中很少說「臂」，像「她胳膊很粗」，不會說「她手臂很粗」。

還要留意普通話沒有「膊頭」這個詞，而是說「肩」或「肩膀」，比如「他的肩很寬」、「她是溜肩膀 (liū jiān bǎngr，即廣東話的「A字膊」)，穿露肩晚裝不好看」。

3分鐘練習

把廣東話句子翻譯成普通話，寫在橫線上。

1. 佢個膊頭好靚，着晚裝好好睇。

____

2. 阿明隻手斷咗，至少要抖一個月。

____

3. 我對手好凍，媽媽用佢對手包住我對手，好暖。

____

4. 你隻手又白又嫩，一睇就知你喺屋企乜都唔做。

____

5. 家姐隻手好幼。

____

6.「腿」、「腳」之辯

現在說說「腳」和「腿」。

很多年前，有一天在班上接到上司電話，她說：「我隻腳斷咗」。那時我剛來香港不久，廣東話只會一點兒，我很納悶兒：腳怎麼個斷法呢？因為普通話「斷」字一般用在長形的東西上，腳一般不用「斷」來形容。經同事解釋，才知道原來上司摔了一跤，把腿摔斷了。

這情況跟「手」和「臂」一樣，粵普描述的範圍不一樣。普通話是這樣的：

腳：穿鞋的、支撐身體的部分。

腿：從腳腕子到大腿根兒的部分。

某某明星因為小腿粗去打 Botox，報紙上寫的是因為「腳」粗而打。普通話說「腳大」或者「腳小」，腳不能用「粗」來形容，腿才用「粗」、「細」來形容。注意是「細」，不是「幼」，普通話「幼」指年紀小，如幼兒園。

腳不能用「粗」來形容，那應該怎麼說呢？記住下面的文字：

腿：細、粗。

腳：窄、肥。如果指腳掌，也可以用「寬」。

3分鐘練習

一、下面的句子應該用「腿」還是「腳」？把答案寫在適當的橫線上。

1. 小妹妹的 ______ 很小，還沒有我的手掌大。
2. 姐姐有一雙修長、均勻的美 ______。
3. 廣東話「甲組腳」是指小 ______ 肌肉非常發達。
4. 不行，我的 ______ 太大了，這鞋我穿不進去。
5. 我的 ______ 掌寬，這雙鞋太窄，我穿着不舒服。

二、你知道身體不同部位普通話怎麼説嗎？看看下面的圖，把適當的名稱寫在橫線上。

7. 蔬菜、水果名稱大不同

還記得昨晚吃什麼了嗎？吃了什麼蔬菜？不少蔬菜、水果的名稱普通話跟廣東話不一樣，平時留意了嗎？

有一天，電視報道內地蔬菜漲 (zhǎng) 價，一位女士接受記者訪問，說是「扁豆、西紅柿漲得多。」本港電視台用廣東話解說時，把「西紅柿」改成了香港人習慣說的「番茄」。

看看下面這些菜：

白菜 (bái cài)：廣東話「黃芽白」、「紹菜」。普通話也說「大白菜」。

香菜 (xiāng cài)：廣東話說的「芫荽」(yán sui) 是學名。

茄子 (qié zi)：廣東話「魚香茄子煲」用「茄子」，其他時候都說「矮瓜」，普通話沒有「矮瓜」。

荸薺 (bí qi)：即廣東話說的「馬蹄」。

油菜 (yóu cài)：即廣東話說的「小棠菜」，不是港式茶餐廳的「油菜」，香港的「油菜」不是指菜本身，而是一種烹調方法。

西紅柿 (xī hóng shì)：廣東話說的「番茄」(fān qié) 是學名。「西紅柿炒雞蛋」是有名的家常菜。

土豆兒 (tǔ dòur)：「馬鈴薯」是學名，平時不會說。

廣東話多稱作「薯仔」。但台灣的「土豆」是另外一種東西，請看本書《吃釋迦比賽？》（第 68 頁）一文。

黃瓜 (huáng gua)：即廣東話說的「青瓜」。涼拌菜「拍黃瓜」容易做又有營養。

洋白菜 (yáng bái cài)：就是廣東話說的「椰菜」，也叫「捲心菜」，台灣叫「高麗菜」。

胡蘿蔔 (hú luó bo)：就是廣東話說的「紅蘿蔔」。

前面提到的「扁豆」是個「大家族」，每個「孩子」的樣貌有點兒不一樣。也有叫豆角、四季豆的。

水果有：櫻桃（車厘子）、葡萄（提子）、草莓（士多啤梨）、菠蘿蜜（大樹菠蘿）等。

有意思的是，廣東話「柑」普通話是「橘子」(jú zi)。普通話「橙」(chéng) 是改革開放以後才在全國範圍內普遍使用的，因為進口貨「新奇士橙」的關係。我以前在北京住的時候，橙叫「廣柑」。「廣」指廣東、廣西，北方天氣冷，廣柑都是從南方運來的。改革開放以後，港式廣東話湧入內地，現在也有內地人叫葡萄為「提子」、荸薺為「馬蹄」的，但學普通話的人士不能這樣想：反正內地也有人說馬蹄，那我也不用學「荸薺」這個詞了。這可是不行的，學習詞彙，一定要了解它的「真身」。

3分鐘練習

粵普詞彙配對，把代表答案的英文字母填在適當的括號中。

A. 小棠菜　B. 紹菜　C. 柑　D. 椰菜　E. 紅蘿蔔

F. 青瓜　G. 薯仔　H. 芫荽　I. 荸薺　J. 大樹菠蘿

1. 菠蘿蜜	(　　)	6. 土豆兒	(　　)
2. 黃瓜	(　　)	7. 馬蹄	(　　)
3. 橘子	(　　)	8. 香菜	(　　)
4. 洋白菜	(　　)	9. 油菜	(　　)
5. 胡蘿蔔	(　　)	10. 大白菜	(　　)

8. 從「慢工出細貨」說「活兒」

小芬：小芳，功課做完了嗎？

小芳：做完了。

小芬：那我們出去玩兒好嗎？

小芳：我爺爺有很多活兒沒幹完呢，我要幫忙，不去了。

小芬：「很多活兒」是什麼意思？
（自言自語）活着會嫌多嗎？

小芳：爺爺在栽花，他讓我幫他。

你說過「慢工出細貨」這句話嗎？「慢工出細貨」普通話怎麼說？很簡單，只改一個字：「慢工出細活兒」。

這個「活兒」就是小芳說的「活兒」，它在普通話中使用廣泛。這個「活」可不是生活、活動的意思，說的時候必須兒化。

兒化之後的「活」有兩個意思：

1. 產品：

(1) 今天特出活兒：指今天工作效率很高，寫東西、設計東西等很順利。

(2) 她會織毛活兒：是說她會編織，「毛活兒」是泛指，包括毛衣、圍巾等。「慢工出細活兒」就屬於這一類。

2. 工作：

廣東話「我做緊嘢」普通話可以說「我正在工作」，但現實生活中很少有人這麼說，特別是熟人，一般說「我正幹活兒呢」。

以前內地沒有「厭惡 (yàn wù) 性工作」這個詞，說「髒活兒、累活兒」，比如：這可是髒活兒、累活兒，沒人願意幹。

「活兒」這個詞極為常用，希望大家學會使用它。

3分鐘練習

下面的句子中，哪個詞語可以用「活兒」來取代？把答案圈起來。

1. 爸爸說：「我的工作還沒幹完呢，你們別等我吃飯了。」
2. 質量檢查員說：「這批產品不錯，那批不合格。」
3. 現在放假怎麼行，那麼多工作誰幹呢？
4. 伯母對伯伯說：「我整天在家做家務，不比你上班輕鬆。」
5. 王老師笑着說：「我也想去燒烤，但下了班又要改作文，又要見家長，還得幫學生訓練朗誦，這麼多事你幫我幹？」

9. 此「恨」不同彼「恨」

普通話和廣東話很多動詞都不一樣，簡單的如「蹲」(dūn)，廣東話是「踎」，想必大家都知道，但有些動詞比較亂，就容易出錯了。舉幾個容易出錯的例子：

1. 恨 (hèn)：

仇視、怨恨：恨之入骨、恨鐵不成鋼

悔恨：遺恨。

廣東話「我阿媽恨抱孫」普通話就不能說，要說「我媽特別想抱孫子」。

2. 拎 (līn)：

普通話是指很具體的動作，如「他拎來一兜水果」。廣東話「電腦壞咗，拎咗去整」，「拎」是「拿去」的意思。普通話如果用「拎」字，就一定是手可以提得動的。「電腦壞咗，拎咗去整」普通話說「電腦壞了，拿去修了」。

另外廣東話「外賣」說「拎走」，普通話也說「拿走」。

3. 探 (tàn)：

作「探望」講的時候，只能在雙音節中使用，如「探親」、「探視」等，不能單用。單用要用「看」字，比如廣東話「我去探你」，普通話要說「我去看你」。

4. 驚 (jīng)：

單音節只能用於騾馬，如「馬驚了」，形容人可不能單用，廣東話「我好驚」普通話說「我很害怕」。

5. 喊 (hǎn)：

普通話只表示「大聲叫」、「叫」的意思，如「喊口號」、「你去喊他一聲」，廣東話「佢喺度喊」要說「他在那裏哭」。

6. 騎 (qí)：

是兩腿跨坐的意思。「騎馬」粵普一樣，廣東話有「騎膊馬」，普通話有「騎在人民頭上作威作福」，「騎」的意思一樣。但廣東話「踩單車」普通話就不能說了，要說「騎自行車」。

3分鐘練習

把廣東話句子翻譯成普通話，寫在橫線上。

1. 家姐差唔多睇親戲都喊。

____

2. 呢對鞋我恨咗好耐。

____

3. 老細，炸豬扒飯，拎走。

____

4. 公公入咗醫院，今日我同媽咪去探佢。

____

5. 有我喺度，你唔駛驚。

____

10. 10 個手部動作

吃蘋果「批皮」、吃橙「剝皮」，用普通話怎麼說呢？

好多手部動作廣東話和普通話的用法不一樣，這裏介紹 10 個。

1. 掰 (bāi)：把東西分開或折斷。

   例 1：把月餅掰一半給我。

   例 2：小妹妹掰着手指頭數數兒。

2. 剝 (bāo)：去掉外面的皮或殼。

   例：把橘子皮剝了。

3. 削 (xiāo)：用刀斜着去掉物體的表層。

   例：媽媽在削蘋果。

4. 捂 (wǔ)：遮住、蓋住或封閉起來。

   例 1：她捂着嘴笑。

   例 2：出了事應該讓老百姓知道，不應該捂着蓋着。

5. 蘸 (zhàn)：在液體或粉末中沾一下就拿出來。

   例：吃乳豬一般要蘸乳豬醬。

6. 拽 (zhuài)：拉、拖。

   例 1：他拽着對方球員的衣服阻止對方進攻，被裁判罰下場。

   例 2：他不會唱歌，但被同事生拉硬拽拉上了台。

7. 摳 (kōu)：用手指或小的工具從裏面往外挖。

例：臉上長了暗瘡或油脂粒千萬別自己亂摳。

8. 揉 (róu)：

(1) 來回搓或擦。例：手很髒，不要用手揉眼睛！

(2) 團弄。例：做饅頭先要和麪、揉麪。

9. 捏 (niē)：

(1) 用手指夾住。例：這個小嬰兒特別可愛，真想捏捏她的臉蛋。

(2) 把軟的東西弄成一定的形狀。例：弟弟捏了一個泥人兒。

10. 掐 (qiā)：

(1) 用拇指和另一個指頭使勁捏或截斷。例：小萍，幫媽媽把豆芽鬚子掐一掐。

(2) 用手的虎口緊緊按住。例：匪徒用手掐住他的脖子，令他無法呼吸。

注意剝、削和拽是多音字，此處不談。

3分鐘練習

把本文介紹的動詞寫在適當的橫線上。

我想吃柿子，先 1. ______ 一 2. ______，想找個軟的，但沒有軟的，只好洗完後用刀把皮 3. ______ 了吃。

小妹妹在 4. ______ 橙，5. ______ 完 6. ______ 了一半給我。她想把核兒 7. ______ 出來，看她笨手笨腳的，我就幫她把核兒全弄了出來。吃完水果，我打開電視。妹妹 8. ______ 着我的衣角小聲問：「姐，抓到那個兇手了嗎？」「還沒有。法醫鑒定上次那個死者是窒息而死，就是他 9. ______ 死的。」妹妹馬上 10. ______ 着耳朵說：「我害怕！你把聲音弄小點兒！」我 11. ______ 了 12. ______ 她的頭髮安慰她。看了一會兒，媽媽說餃子煮好了，讓我們拿碗筷。我還倒了一小碟醋，因為爸爸吃餃子一定要 13. ______ 醋。

11.「請儘量行入車廂」錯了

在巴士上聽到普通話廣播「請儘量行 (xíng) 入車廂」，「行入」錯了。

普通話「行」當「走」講的時候，雙音節詞語有「行走」、「步行」等等，這個大家都知道。那麼問題出在哪兒呢？

問題在於廣東話「行」可以單用，普通話口語則不會單用。看下面的例子：

1. 我哋行啦！去食飯。——我們走吧！吃飯去。

2. 行入啲！行入啲！——往裏走！往裏走！

3. 我好攰，行唔到啦！——我很累，走不動了！

4. 你行先啦！——你先走吧！

5. 妹妹仲未識行。——妹妹還不會走路。

6. 行快啲，做乜行得咁慢啊。——快點兒走，怎麼走得那麼慢哪。

從以上例子可以看到，廣東話口語「行」普通話是「走」。也許有讀者會問：「千里之行，始於足下」中，「行」不是單用嗎？是單用沒錯，但那是格言、是古語、是固定用語，不是口語。在口語中，單音節只能用「走」，不能用「行」。

還要說一下，普通話「行不行？行！」中的「行」是另外一回事，意思是「可以」，與「走」無關，可別弄混了。前面說的「請儘量行入車廂」應該怎麼說？應該是「請儘量往裏走」。

3分鐘練習

下面的句子應該用「行」還是「走」？把答案寫在適當的橫線上。

1. 他真 ______ 運，總遇到好事。
2. 今天 ______ 路 ______ 得太多了。
3. 我每天步 ______ 三公里。
4. 讀萬卷書，不如 ______ 萬里路。
5. 我不坐車，我 ______ 過去。

12.「打門」是什麼意思？

我認識一位朋友，他很喜歡看球，看內地轉播的球賽，聽足球評述員的評述時，最令他感興趣的是「打門」這個詞。

「打」字的很多用法粵普一致，像打一下、打哈欠、打電話等。但也有許多是不同的。

1. 發出、放射：打電話、打球（廣東話「打波」）中的「打」粵普一樣，但像足球比賽廣東話就不會說「打門」、「打偏了」，而是說「射門」、「射歪咗」。廣東話「行雷閃電」，普通話也不說，而是說「打雷打閃」。順帶提一下，廣東話可以說「講電話」，普通話不能說，說「打電話」。

2. 取：上班時想喝水，拿杯子到茶水間，廣東話是「斟水」，普通話是「打水」。

3. 舉、提：廣東話「擔遮」，普通話是「打傘」。

4. 做、製造：廣東話「織冷衫」，普通話說「織毛衣」，說「打毛衣」也行。

5. 買：比如打醬油、打酒，是指散裝的，自己拿着瓶子去買。現在幾乎絕跡了。現在人們說的「打醬油」是另外一個意思，是網絡用語，意指「路過」、「圍觀」等。

例如：她的角色只出現幾分鐘，在全劇中只是個打醬油的。

6. 還可以當「從」講，例如：打這裏往西走 10 分鐘就到了。

7. 本書《打的吃甜品》（第 139 頁）一文談到廣東話「搭的士」傳到內地演變成「打的」一詞，是「租用」、「乘坐」的意思。也可以說「打車」。

啊！「打」字那麼複雜，可真要「打起精神」啊！

3分鐘練習

看看什麼時候能用「打」字，在橫線填上適當的答案。

1. 來不及了，咱們 ______ 個車去吧！
2. 缺你一個也不 ______ 緊。
3. 你看！ ______ 閃了，大風大雨的，你先別走了。
4. 不好了！他們兩個在 ______ 架。
5. 臨別贈言還沒動筆呢，還處於 ______ 腹稿階段。

13. 掉、丟、扔

劉先生在內地的警察局裏。

劉先生：警察先生，我的錢包掉了，請幫幫我！

警　察：錢包掉了？撿起來不就行了？

劉先生：哎呀！裏邊有證件、信用卡。掉了！掉了呀！

警　察：您不能彎腰嗎？您腰有毛病嗎？掉在哪裏了？我幫您撿起來。

劉先生（生氣地）：我要知道掉在哪裏，還找你們幹什麼！

劉先生真不該生氣，因為普通話「掉了」就是廣東話「跌咗」，警察當然奇怪，既然「跌咗」為什麼不「執返」。

1. 掉 (diào)：

(1)「掉」與「丟」結合成「丟掉」時，當「扔」、「拋棄」講。

(2)「掉」如果單用就不是「拋棄」，而是「落下」的意思，像「掉眼淚」。所以劉先生「錢包掉了」找警察，警察覺得很納悶兒。廣東話「唔要啦，掉咗佢啦」普通話是「不要了，把它扔了」，不能說「把它掉了」。

2. 丟 (diū)：

(1) 遺失：如「鑰匙 (yào shi) 丟了」。

(2) 擱置、放下：如「你一定要丟開煩惱才行」。

(3)「丟」與「棄」字構成「丟棄」，但是如果「丟」單用就不是「拋棄」，而是上文 (1) 中「遺失」的意思，所以不能說「把它丟了吧」，要說「把它扔了吧」。

3. 扔 (rēng)：

(1) 棄：如「這個蘋果壞了，扔了吧」。

(2) 拋出：如「扔球」、「扔垃圾」。

覺得亂嗎？記住下面的重點就行了：掉——落下了；丟——不見了；扔——不要了。

3分鐘練習

下面的句子應該用「掉」、「丟」，還是「扔」？把答案寫在適當的橫線上。

1. 喂！你的筆 ______ 了。

2. 這條魚臭了，______ 了吧！

3. 爺爺年紀大了，頭髮差不多都 ______ 光了。

4. 我的八達通 ______ 了，回家不知道怎麼跟媽媽說。

5. 麻煩了！我的手機 ______ 了。哪兒去了？

14. 不能隨便「下奶」

我愛看飲食雜誌，留意到本港美食家寫食譜時很喜歡用「下」這個字，如「下鹽」，還有用「下奶」。

動詞「下」其中一個意思是「放入」，在普通話中，與烹飪 (pēng rèn) 有關的，「麪」可以用它，像下麪、下麪條等，相當於廣東話的「淥」。還可以說「下餃子」。除此之外，就不用「下」字了。

那麼普通話不用「下」，用什麼呢？書面語是「放」，口語是「擱」(gē)，「放」當然也能用。

「放」和「擱」都有兩個意思：

1. 放到某一位置：

例 1：蒸魚要等水開了才把魚放進去。

例 2：水開了，還不快把餃子擱進去！

2. 加進去：

例 1：怎麼那麼淡？你是不是忘了放鹽？

例 2：做西紅柿炒雞蛋一定要擱糖。

以上兩種情況普通話都不會用「下」字。

「下藥」、「下毒」的「下」意思是「用」，不是「放入」。

「下奶」是指催奶、分泌 (mì) 奶水，如：聽說喝魚湯

能下奶。這裏的「下」是「分泌」，與「放入」無關。

所以說，不要隨便用「下」字啊！

3分鐘練習

下面的句子應該用「下」、「放」，還是「擱」？把答案寫在適當的橫線上。（答案可多於一個）

1. 我們都吃完飯了，我給你 ______ 個麪吧。
2. 炒雞蛋 ______ 點兒葱花會很香。
3. 蒸魚 ______ 一點兒糖更好吃。
4. 她暈過去了，那杯飲料可能被人 ______ 了藥。
5. 木瓜魚湯可以 ______ 奶，你熬點兒給她喝吧。

15. 說「揀、撿、挑」

埋嚟睇！埋嚟揀！手快有，手慢冇！

一聽到小販這麼吆喝 (yāo he)，條件反射，我的神經就繃 (bēng) 緊了。

現在來說說動詞「揀」、「撿」和「挑」。

1. 揀 (jiǎn)：是「挑選」的意思。例子：時間有限，請揀要緊的說。

2. 撿 (jiǎn)：意思是「拾取」。例子：我在地上撿到一枝筆，誰的？

為什麼我的神經繃緊了？是因為「揀」和「撿」在普通話裏是同音字！發音一樣，意思不同，所以我乍聽起來以為有人在叫我撿東西呢！

正因為如此，普通話不可能說「過來揀 / 撿」，因為誰知道這個「jiǎn」是「揀」還是「撿」？如果是「撿」，就是廣東話的「執」，那麼顧客一定會納悶兒：要不要付錢呢？

好了！「揀」和「撿」都不能說，那說什麼呢？答案是：挑。

3. 挑 (tiāo)：

(1) 挑選，跟「揀」一樣。例：這孩子從小就挑食，

所以身體不好。

(2) 挑剔。例：老闆特愛挑毛病，我們上班整天大氣都不敢喘。

(3) 特指用扁擔（biǎn dan）等工具搬運。例：村裏沒有井，要到一里之外去挑水。

「埋嚟睇！埋嚟揀！」普通話習慣說「快來看哪！隨便挑！」

順便提一下，「挑」還有另一個讀音 tiǎo，如挑戰，大家查字典看看吧。

3分鐘練習

下面的句子應該用「揀」、「撿」，還是「挑」？把答案寫在適當的橫線上（答案可多於一個）。

1. 你 ______ 了那麼久還沒 ______ 到合適的？
2. 老師，我 ______ 到一張八達通，交給您吧。
3. 小傑，你的鑰匙掉了，快 ______ 起來。
4. 她嘴甜，專 ______ 好聽的說，哄得老太太特高興。
5. 幹工作不能 ______ 肥 ______ 瘦，否則那些有難度的活兒誰幹哪。

16. 誰「偷雞」了？

小娟跟媽媽來香港旅遊，媽媽的好友張阿姨來酒店看她們。

張阿姨：小娟越來越漂亮了！來，這條手鏈送給你，是我自己做的。

媽　媽：你那麼忙，怎麼有時間弄這些東西。

張阿姨：偷雞弄的，貪得意嘛。

小　娟：謝謝阿姨！（自言自語）張阿姨偷雞？還很得意？奇怪呀！

張阿姨的普通話夾雜着廣東話，難怪小娟覺得奇怪。問題在哪裏呢？答案是：在同形異義詞上面。也就是說：一個詞語，用的字是完全相同的，但普通話和廣東話的意思卻不一樣。

這類詞分兩類，這裏介紹其中一類：粵普用字完全相同，但普通話只有一個意思，而廣東話則有兩個意思。

例如「得意」一詞，粵普都解作「稱心如意」，有時是帶貶義的，如「得意忘形」；但廣東話還多了一個意思「討人喜歡」，如「BB好得意」。普通話是絕對沒有「BB好得意」這種說法的，普通話用「這個小孩兒特好玩兒」、「這個小孩兒真可愛」等。張阿姨說的「貪得意」是「圖

好玩兒」。「偷雞」這裏是「找機會」、「抽空兒」。

看下面的表：

詞語	廣東話	普通話
人工	1. 人為的 2. 工資	人為的。例：人工美女。
認真	1. 嚴肅對待 2. 格外。例：佢認真麻煩。	嚴肅對待
水泡	1. 水面上的泡泡 2. 救生圈	水面上的泡泡
反面	1. 跟正面相反的 2. 翻臉	跟正面相反的
偷雞	1. 偷人家的雞 2. 找機會、抽空兒	偷人家的雞
開胃	1. 增加食欲 2. 表示厭惡。例：唔開胃。	增加食欲
身家	1. 出身 2. 財產	1. 出身 2. 本人和家庭。 例：不顧身家性命。
化學	1. 學科 2. 質量差	學科。例：他教化學。
滴水	1. 水往下滴 2. 鬢角	水往下滴
實情	1. 真實的情況 2. 實際上。例：實情係咁。	真實的情況
得意	1. 稱心如意，感到非常滿意 2. 可愛、有趣	稱心如意，感到非常滿意

其他還有冬瓜豆腐、過橋、手勢、單打、走路、放水、沙塵、骨子、算數等，使用時一定要特別小心。

3分鐘練習

把廣東話句子翻譯成普通話，寫在橫線上。

1. 我唔鍾意男仔啲滴水好長。

____

2. 阿妹唔識游水，一定要帶水泡啊！

____

3. 你唔好借佢過橋。

____

4. 你唔好請佢兩個飲茶啦，佢兩個反咗面。

____

5. 佢萬一有乜冬瓜豆腐，我會後悔一世。

____

17.「進班房」就是進監獄

新同學：你知道小超在哪兒嗎？一直沒看到他。

王小森：他進班房了。

新同學：啊！他……他犯了什麼罪？

王小森：都不知道你在說什麼！對了，我昨天病了，沒温習，等一會兒小測我可等着你提水呀。

新同學：提水？要提水嗎？到哪裏提？你想喝水，我把我這瓶水給你吧！

王小森：你這是什麼跟什麼呀！

真是驢唇不對馬嘴！原來新同學剛從內地來香港，不會廣東話，小森的普通話又不怎麼樣，難怪連溝通都成問題。

這個笑話帶出了另一類同形異義詞：兩個字一模一樣，但意思卻完全不一樣！看下面的表就明白了。

ao
an
ü
k
ou

詞語	廣東話	普通話
班房	教室	指監獄。例：蹲班房。
提水	提示	用桶等取水。例：去提一桶水來。
醒目	聰明、機敏	文、圖等形象明顯、搶眼。例：那個標語很醒目。
拉人	警察抓人	用車載人。例：卡車能拉貨也能拉人。
走路	逃	行走。例：他走路很慢。
小氣	氣量小	吝嗇 (lìn sè)。例：他特小氣，不會出錢的。
抵死	該死	拚死（態度堅決）。例：敵人逼他供出同伴，他抵死不從。
爆肚	即場發揮、現編詞	一種食品。例：爆肚 (dǔ) 很好吃。
粉腸	1. 豬內臟 2. 對人的不敬稱謂	一種北京小吃。
返工	上班	因質量不合格而重新做。

怪不得新同學嚇壞了，原來「進班房」普通話是「進監獄」！

另外還有一個詞不能不提，經濟不景時，廣東話有「勒緊褲頭過日子」的說法，「褲頭」是北方方言，指內褲，內褲可不能勒（lēi）緊，會影響血液循環，所以普通話不能說「勒緊褲頭」，應該說「勒緊褲腰帶過日子」。

同形異義詞還有很多，像返工、大媽、打尖、馨香、老媽子等等，大家不妨留意一下，很有趣。

3分鐘練習

利用表格裏左邊一欄的詞語完成句子，把答案寫在適當的橫線上。

1. 他在 ＿＿＿＿＿＿ 裏蹲了幾年，剛出來。
2. 他這個人很 ＿＿＿＿＿＿，應該不會捐錢給老李治病。
3. 小莉今天穿了一件紅襯衫，在人羣當中很 ＿＿＿＿＿＿。
4. 他 ＿＿＿＿＿＿ 不承認是他偷的東西。
5. 你看，扣子都釘歪了，這批襯衫一定要 ＿＿＿＿＿＿ 重來。

18.「吉尼斯」是什麼？

你知道「吉尼斯」是什麼嗎？不知道？我不信，你一定聽說過。很多外來語兩岸四地——港、澳、台和內地翻譯的不一樣，可以說是「八仙過海——各顯神通」。像「吉尼斯」，就是「健力士」紀錄，「吉尼斯紀錄」是內地的叫法，台灣稱為「金氏紀錄」。

卡通片《史力加》內地譯為《怪物史萊克》，台灣是《史瑞克》。

香港人學普通話，外來語也包括在內，否則「雞同鴨講」，無法溝通。

英語	廣東話	普通話
vitamin	維他命	維生素 (wéi shēng sù)
bungee	笨豬跳	蹦極 (bèng jí)
cheese	芝士	奶酪 (nǎi lào)、 乳酪 (rǔ lào)、 起司（qǐ sī，台灣）
show	騷	秀 (xiù)
Benz	平治（汽車）	奔馳 (bēn chí)

廣東話「逼力壞咗」，普通話是「剎車壞了」，如果是自行車，可以說「閘壞了」。

又像航天飛機和宇航員，香港是穿梭機、太空人，港人形象思維出色，翻譯得非常生動、傳神。

外來語的翻譯不一樣，或多或少會影響兩岸四地人們的溝通，怎麼辦？應多聽、多看、多接觸。上網是個辦法。比如一項國際比賽結束了，或是某某電影節閉幕了，一定都會報道，你看完香港報紙，上內地和台灣的網站看看，如果只看名字不知道是誰，可以看照片。對比一下中港台的翻譯，同一個人很可能會看到 3 個譯名，很有意思。

如果查一般資料，可以到維基百科等網站去找。

3分鐘練習

把廣東話句子翻譯成普通話，寫在橫線上。

1. 梳化上面有三個咕𠱸。

____

2. 今日我食啫喱、朱古力同三文治。

____

3. 我長大後要做太空人，坐穿梭機上太空。

____

19.「奶奶」是誰的媽媽？

李先生：你的手提包很好看。

王小姐：我奶奶送我的。她對我可好了！

李先生：你奶奶？那……你先生也一定對你很好吧？

王小姐：我先生？我還沒結婚呢，哪來的先生。神經病！

發生了什麼問題？李先生望着王小姐背影納悶兒。啊！原來李先生的普通話不好，誤以為王小姐已經結婚了。

廣東話「奶奶」（又稱「家婆」）普通話說「婆婆」，是「丈夫 (zhàng fu) 的媽媽」。而普通話「奶奶」是「爸爸的媽媽」。廣東話「老爺、奶奶」是一對夫妻，普通話一個是「媽媽的爸爸」（姥爺），一個是「爸爸的媽媽」，屬同一個輩分，卻是兩家人，放在一起說很怪。

請看這個表：

廣東話		普通話	
書面語	口語	書面語	口語
祖父	阿爺	祖父 (zǔ fù)	爺爺 (yé ye)
祖母	阿嫲	祖母 (zǔ mǔ)	奶奶 (nǎi nai)
外祖父	阿公	外祖父 (wài zǔ fù)、外公 (wài gōng)	外公 (wài gōng)、姥爺 (lǎo ye)
外祖母	阿婆	外祖母 (wài zǔ mǔ)、外婆 (wài pó)	外婆 (wài pó)、姥姥 (lǎo lao)

從表中我們可以看到，書面語廣東話和普通話是一樣的，不同的是口語。

除了要弄清楚它的意思，還要注意發音：「奶奶」是輕聲詞，不要發錯。為什麼呢？因為廣東話「奶奶」是輕重格式，發音時重音在後面，普通話「奶奶」如果沒有發成輕聲，很可能被人誤以為說的是廣東話的「奶奶」。我曾經跟沒結婚（jié hūn）的女生開玩笑：「奶奶」一定要讀輕聲，否則很可能被人誤會你已經嫁人了，就是喜歡你也不敢追你了。

3分鐘練習

把廣東話句子翻譯成普通話，寫在橫線上。

1. 我阿婆舊年移咗民去加拿大。

____

2. 今日阿媽請阿爺、阿嫲飲茶。

____

3. 我阿公過咗身好耐喇。

____

4. 我同我奶奶關係唔錯。

____

5. 我奶奶同我阿公、阿婆好少見面。

____

20. 說不清的親屬關係

繼續談談粵普不同的親屬稱謂。

女子結婚後，丈夫的父親是她的公公，丈夫的母親是她的婆婆。丈夫的家是「婆家」，就是由此而來的。反之，丈夫稱妻子的父母為岳父、岳母。請看下表：

關係	廣東話	普通話
丈夫的父親	老爺、家公	公公 (gōng gong)
丈夫的母親	奶奶、家婆	婆婆 (pó po)
妻子的父親	外父	岳父 (yuè fù)
妻子的母親	外母	岳母 (yuè mǔ)
丈夫的家	/	婆家 (pó jia)
已婚女子稱自己的家	外家	娘家 (niáng jia)

日常生活中，結了婚的人當着配偶父母的面，都是直接叫爸爸、媽媽，上面表格中的稱謂一般用於跟第三者的談話，比如：「我來介紹一下，這是我的岳父陳大文先生」。但當着陳先生的面卻不會說：「岳父，我們走吧」，而是說：「爸爸，我們走吧」。

中國地廣人多，方言也多，「公公」在有些方言中是祖父或外祖父，「婆婆」是祖母、外祖母，要留意。

未婚女性要注意，如果是說普通話，千萬不要把「我姥姥」誤說成「我婆婆」，那表示你已經結婚了。

還有些稱謂粵普說法也不同，例如：

廣東話	普通話
姑丈	姑父 (gū fu)、姑夫 (gū fu)
姑姐	姑姑 (gū gu)
姨丈	姨父 (yí fu)、姨夫 (yí fu)
弟婦	弟妹 (dì mèi)
大姑奶 / 姑仔	大姑子 (dà gū zi) / 小姑子 (xiǎo gū zi)
大姨 / 姨仔	大姨子 (dà yí zi) / 小姨子 (xiǎo yí zi)
姨甥 / 姨甥女	外甥 (wài sheng) / 外甥女（wài sheng nǚ)

3分鐘練習

把廣東話句子翻譯成普通話，寫在橫線上。

1. 我姑丈有好多銜頭。

   ____

2. 老爺、奶奶好錫我。

   ____

3. 我姨甥女係行政人員。

   ____

4. 我同家婆關係好好，同大姑奶都唔錯。

   ____

5. 我阿姨同姨丈由巴西返咗嚟，我媽咪返咗外家，佢會喺嗰度住幾日先返嚟。

   ____

   ____

21. 看病前必讀

小明：大文，你昨天怎麼沒上學？

大文：我摸牙去了。

小明：摸牙？誰摸牙？

大文：我摸牙。

小明：摸誰的牙？

大文：摸我的牙呀。

小明：我……我不知道你在說什麼。

為什麼小明不知道大文在說什麼？因為小明不會廣東話，大文的普通話又不好，結果小明把「剝牙」聽成了「摸牙」。

在醫療方面，不少詞彙普通話和廣東話說法不同。像港人習慣說「喉嚨發炎」，普通話有「喉嚨」(hóu lóng) 這個詞，但一般只用作書面語，口語說「嗓子發炎」；廣東話「鼻敏感」普通話要說「鼻子過敏」，因為普通話「敏感」(mǐn gǎn) 指「對外界事物反應很快」，如「他是一個敏感的人，接受新事物很快」。

另外，廣東話「佢咳、發燒」，普通話「咳」要用雙音節的「咳嗽」(ké sou)，說「他咳嗽、發燒」。

廣東話	普通話
驗身	體檢 (tǐ jiǎn) / 檢查身體 (jiǎn chá shēn tǐ)
睇醫生	看病 (kàn bìng)
睇急症	看急診 (kàn jí zhěn)
急症室	急診室 (jí zhěn shì)
流鼻水	流鼻涕 (liú bí tì)
剝牙	拔牙 (bá yá)
醫生紙	醫生證明 (yī shēng zhèng míng) / 病假條兒 (bìng jià tiáor)
探熱針	體溫表 (tǐ wēn biǎo)
探熱	試表 (shì biǎo) / 量體溫 (liáng tǐ wēn)
照肺	照透視 (zhào tòu shì) / 照 X 光 (zhào X guāng)
執藥	抓藥 (zhuā yào)
煲藥	煎藥 (jiān yào)
戒口	忌口 (jì kǒu)
吊鹽水	打點滴 (dǎ diǎn dī)
（照）超聲波	（照）B 超 (B chāo)

把以下拼音翻譯成漢字，寫在橫線上。

Chén xiān sheng: Yī shēng, wǒ「tóu tòng」!

Yī shēng: Qù zhào zhāng tóu bù de X guāng piàn ba.

Chén xiān sheng: Bù ! Shì zhè li !

Yī shēng: Yuán lái nǐ shì dù zi téng, bú shì tóu téng.

____

____

____

____

22.「拗柴」和「瞓捩頸」

那次我「拗柴」之後，好友樂倫來電慰問，我們是用普通話交談的，說着說着我突然想起：這個詞跟廣東話差得很遠哪！

樂倫問我「拗柴」的原因，其實我也莫名奇妙，穿平底鞋，既不趕路，也不是下台階，用廣東話說就是「無端端拗柴」。那普通話怎麼說呢？

這裏「無端端」可以說「無緣無故」，「拗柴」是「踒了」或「踒了腳了」、「把腳給踒了」。

香港人對「踒」(wǎi) 這個字很陌生，這一點兒都不奇怪，不僅港人，內地人也不是人人會寫，因為它是純粹 (chún cuì) 的口語詞，醫生給病人開病假條 (bìng jià tiáor) 會寫「扭 (niǔ) 傷」，不會寫「腳踒了」。

還有廣東話「瞓捩頸」，普通話怎麼說？是「落枕」(lào zhěn)。注意這個「落」的發音跟「落 (luò) 後」的「落」可不一樣。

說起「落枕」，不能不提「頸」這個字，普通話有「頸項」(jǐng xiàng) 這個詞，但口語不會說，而是說「脖子」(bó zi)，比如脖子長、脖子粗、脖子疼等。

「頸」一般用於已固定的詞語，像「長頸鹿」（也可以說「長脖鹿」）、頸椎 (zhuī) 病、瓶頸等。

這幾個詞是口語中的「專有名詞」。

3分鐘練習

把廣東話句子翻譯成普通話，寫在橫線上。

1. 我從未試過拗柴。

____

2. 媽咪條頸鏈好靚。

____

3. 你做乜嘢無端端鬧佢？

____

4. 我瞓捩頸呀，頸好痛。

____

5. 用電腦一個鐘就要郁吓條頸，起身行吓。

____

23. 說「有」

廣東話對話：「你有冇去書展？」「有去。」普通話的表達方式是不同的。廣東話「有冇（有沒有）＋動詞」這種問句，普通話的習慣說法是：「動詞＋了嗎？」，如：

你今朝有冇食嘢？→ 你今天早晨 (zǎo chen) 吃東西了嗎？

你今日有冇游水？→ 你今天游泳了嗎？

你頭先有冇話畀佢聽？→ 你剛才告訴他了嗎？

改革開放後，廣東話「北上」，說「你有沒有去書展？」這類問句的人多了起來，特別是接受港台資訊較多的年輕人。但作為普通話教師，有責任告訴 (gào su) 學生，普通話一直以來的習慣說法是怎樣的、後來又是怎樣發展變化的。

問句用「有沒有」可以接受，回答問題時則絕對不能用「有」字，像「你吃飯了嗎？有。」更不能用「有＋動詞」，像「你吃飯了嗎？有吃。」用普通話回答的時候，要回答動詞，而不是回答「有」，比如：

你今天跑步了嗎？跑了。

哥哥打電話給你了嗎？打了。

那麼什麼時候回答時才能用「有」字呢？只有表達「擁

有」、「領有」的時候才可以，比如：

你有紙巾嗎？我有。

你有錢嗎？有錢。

3分鐘練習

把廣東話句子翻譯成普通話，寫在橫線上。

1. 佢有冇嚟？有嚟。

____

2. 你今日有冇跑步？有。

____

3. 你有冇細路？有。

____

4 . 你有冇睇《鐵金剛》？我有睇。

____

5. 你有冇幫媽咪做家務？有呀。

____

異

24. 月餅餡兒

你喜歡吃月餅(yuè bing) 嗎？喜歡吃傳統的蓮蓉月餅，還是冰皮月餅？或者是喜歡雪糕月餅？

我喜歡蓮花，卻不吃蓮蓉，因為它太甜太膩 (nì) 了。我喜歡的是「棗蓉」，普通話叫「棗泥」。

每年中秋，我都留意飲食雜誌，看哪裏有賣棗泥月餅的。

廣東話「棗」字通常不單用，普通話習慣單用，只要一說「棗兒」（zǎor，口語習慣兒化），人家就知道你說的是紅棗。別的棗前邊加字就行了，「南棗」普通話是「黑棗」，還有「蜜棗」、用酒泡過的「醉棗」、野生的「酸棗」等等。

廣東話用「蓉」來表達的食物，普通話則五花八門：

棗蓉：棗泥。例：棗泥酥是棗泥餡兒（xiànr，音同「現」）的。

薑蓉：薑末兒 (jiāng mòr)。例：切點兒薑末兒吧。

紅豆蓉：豆沙。不用加「紅」字也都知道是紅豆沙，不會是別的豆，例：八寶飯裏面是豆沙。當然也能說紅豆沙。

綠豆蓉：豆蓉。跟廣東話一樣，但是不用加「綠」字。

例：這種酥餅包的是豆蓉餡兒。

麻蓉：普通話沒有特定的名稱，就說芝麻 (zhī ma) 餡兒的或黑芝麻餡兒的。

蒜蓉：蒜末兒。例：吃餃子要蘸（zhàn，音同「站」）醋，最好切點兒蒜末兒放在醋裏。

還要提一下的是「蒜泥」，把蒜切成小塊兒，放在碗裏或其他容器裏搗，搗得非常爛。有一道名菜叫「蒜泥白肉」，蒜泥是這道菜的靈魂。

3分鐘練習

回答下面的問題，在橫線上寫出答案。

1.「豆沙包」包的是什麼餡兒？ ______________________

2. 廣東話中糖水「紅豆沙」普通話怎麼說？ ____________

3.「紅豆蓉」普通話怎麼說？ ______________________

4. 酒樓賣的「麻蓉包」是什麼餡兒的？ ______________

5.「蒜蓉」普通話怎麼說？ ________________________

25. 跳樓機叫「自由落體」

那年我去台灣旅遊，「收穫」美景的同時也收穫了不少知識。

許多東西兩岸三地叫法不同，我們熟悉的有鳳梨（菠蘿）、柳丁（橙）、巴樂（番石榴 fān shí liu）等；Wellcome 超市，香港稱「惠康」，台灣叫「頂好」。有一天自由活動，別的團友逛商店，我就往美食廣場鑽 (zuān)，售貨員殷勤地端着托盤招呼：「蔓越莓 (màn yuè méi) 起司蛋糕，不買沒關係，嘗一嘗吧！」看那女售貨員很誠懇，就拿了一小塊兒。哦！原來蔓越莓就是「紅莓」（香港也有譯成「紅桑子 hóng sāng zǐ」的），我吃的蛋糕用廣東話說就是「紅莓芝士蛋糕」。

逛嘉義夜市，遠遠看見「可麗餅」的招牌 (zhāo pai)，走過去一看，原來就是「班戟 (jǐ)」，「可麗」是法文的音譯。

走累了，想喝杯飲料，要了「酪 (lào) 梨牛乳」，選它的原因純粹是想看看「酪梨」是什麼東西。但售貨員的動作極快，根本沒看清是什麼，一杯酪梨牛乳就遞到我跟前了。杯中的奶不像木瓜牛奶、香蕉牛奶那麼白，那奶是透明的，一喝，難喝極了！

次日請教在台灣讀過書的團友，才知道我原來喝了一杯牛油果牛奶！怪不得顏色那麼怪，那麼難喝。這件事真可以當笑話了。經團友一說我才想起來，在香港曾經見過稱牛油果為「鱷 (è) 梨」的，比較接近「酪梨」。

早上吃自助餐時，有一種水果沒見過，圓的、紅色，味道很酸 (suān)，不好吃。小牌子上寫着「百香果」，其實就是在香港稱之為「熱情果」的，西餐、西式糕點常用，但從來沒見過整個的。也難怪，那麼酸，誰會買來吃。

第三天去九族文化村之前，導遊洪先生先給大家介紹園內的情況，說到機動（jī dòng，音同「激動」）遊戲，他建議我們玩兒「自由落體」。當時我猜想：是不是跳樓機？到那裏一看，果然就是。我跟洪先生開玩笑：「台灣人真斯文 (sī wen)，我們香港人叫跳樓機」。

回港之後看海洋公園網頁，才知道叫「急速之旅」，原來香港人也挺斯文的。但恐怕這個名稱沒多少人知道，還是叫「跳樓機」過癮。

下面的詞語普通話習慣怎麼説？在橫線上寫上答案。

1. 鳳梨—— ____________

2. 柳丁—— ____________

3. 鱷梨—— ____________

4. 布冧—— ____________

5. 忌廉蛋糕—— ____________

6. 便當（指食物）—— ____________

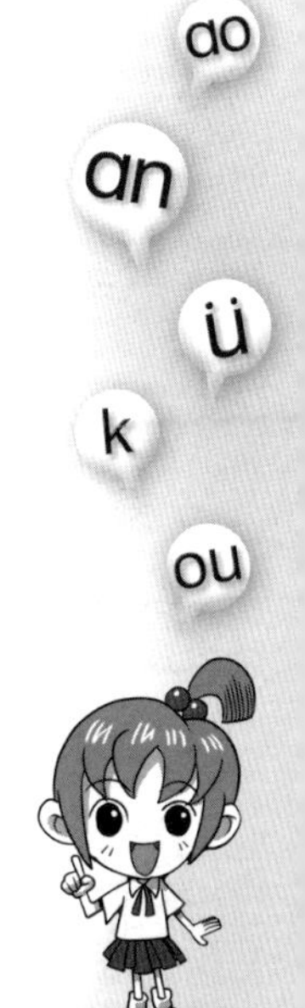

26. 吃釋迦比賽？

有一次，我隨「香港大專普通話朗誦社」去台灣表演，首次到了屏東、台南。

領隊仙瀛提議去吃著名的「萬巒豬腳」，我這個嗜 (shì) 吃之人當然「舉腳」贊成。

內地沒有「豬腳」這個詞，有「豬蹄」，就是豬的腳，廣東話「豬腳薑」和「白雲豬手」就是用它做的。還有「肘子」，是豬蹄上邊的一段，上海菜有紅燒肘子、冰糖肘子、紅燒元蹄，就是它。

台灣的豬腳倒更像肘子。這次赴台發現了「土豆豬腳」。

普通話「土豆」就是「薯仔」，學名跟廣東話一樣，都是馬鈴薯，土豆是口語，一般兒化。我很納悶兒：燜豬蹄要好長時間，那土豆兒還不成土豆兒泥了？不會！因為台灣「土豆」是指花生！

在高雄，朋友星燕帶我們去夢時代廣場裏的孫家小館吃「啥」（一種食物），見筷子套的圖案很美，拿了一個做紀念，星燕的朋友提議「做護貝」後當書籤。「做護貝」就是廣東話「過膠」，內地叫壓膜兒 (yā mór)、過塑 (guò sù)。

你看，同一種東西，兩岸三地叫法卻不同。還有「番鬼荔枝」，台灣民眾叫「釋迦」，還有「吃釋迦比賽」，聽起來很奇怪。

對了，離台之際，在機場買了「土豆豬腳」，那「土豆」好吃極了！

3分鐘練習

回答下面的問題，把答案寫在橫線上。

1.「薯仔沙律」普通話怎麼說？

____

2. 台灣有「土豆肉糉」，猜猜它的材料是什麼？

____

3.「薯蓉」普通話是什麼？

____

4. 廣東話「過膠」台灣和內地怎麼說？

____

5.「土豆豬腳」用廣東話怎麼說？

____

27.「下嫁」給誰？

用普通話教中文這個問題，三言兩語說不清楚。

目前全世界學普通話都採用內地的拼音系統，語法也是，包括新加坡等華人聚居的地方及歐美等地，本人的《學好普通話》簡體字版也曾在韓國發售。

普通話可以，中文就比較麻煩。因為各地華人使用的中文都有悠久的歷史，都有自己傳統的使用習慣。

拿「揚言」來說，《現代漢語詞典》解釋為「有意傳出要採取某種行動的話（多含威脅意）：揚言要進行報復」。

但香港常常這樣用：「某某揚言要努力工作」。很明顯，大陸是貶義詞，香港當褒義詞用。

還有「鼓吹」一詞，在內地，早就是貶義的了，文革期間大批判，電台整天播放「XXX 大肆鼓吹什麼什麼」之類的。因此，聽到類似「港府大力鼓吹環保」、「政府鼓吹兩文三語」就覺得很彆扭。

還有一個例子，有一次電視台直播立法會討論夜間工作問題，我父親不會廣東話，只能看字幕，看到局長說：「非一小撮人長期於晚上工作」，他說：香港「一小撮(cuō)」這麼用啊。為什麼父親會這麼問呢？因為在內地，這是百分之百的貶義詞。

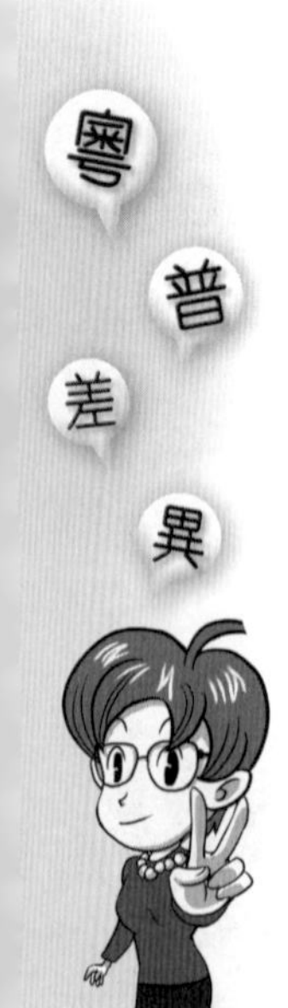

近年娛樂圈喜事不少，不知大家留意到沒有，好多報道愛用「下嫁」一詞。

「下嫁」原指「帝王之女出嫁」，公主是待嫁女性之中地位最高的，她的準夫婿 (fū xù) 地位不如她，所以說「下」嫁。香港女星很多都嫁富豪，用「下嫁」可委屈 (wěi qu) 了她們的夫婿。

還有一個常在報章出現的詞是「座駕」。

皇帝的車稱「駕」（名詞），跟「下嫁」一樣，雖然皇帝沒有了，也不能把「下嫁」等同「嫁」、「座駕」等同「車」。

內地很少用這個詞，連最高領導人的車也不用，因此當看到「XX 走秘密通道，上座駕直返寓所」、「大樹砸 (zá) XXX 座駕」時，覺得有點兒怪。

使用「座駕」時要注意，它有客氣、諷刺或開玩笑的色彩。

1. 客氣——停到車庫裏吧，今天有雨，別淋濕了您的座駕。

2. 諷刺——您的座駕幾十萬吧？這麼點兒停車費都不捨得？

3. 開玩笑——喂！什麼時候開你的座駕帶我們轉一圈？

每個地區的語言有它自己的傳統習慣，怎麼辦呢？我覺得香港的中文沒必要硬 (yìng) 跟內地，港人與內地方面來往的文件，也沒必要堅持使用港式中文，因為那樣很可能對方弄不明白你的意思或只是似懂非懂，比如信函中使用「一小撮」，內地人士就會覺得很奇怪。

所以，書寫中文，要看對象是誰，靈活運用。

3分鐘練習

下面的詞彙中，哪些是貶義詞？把它們圈起來。

尷尬	踏實
風騷	囂張
好高騖遠	無心之失
嬌小玲瓏	風言風語
愛財如命	順手牽羊

28.「一層樓」的誤會

兒子：爸爸，今天教我什麼？

爸爸：今天教你量詞。聽着！形容比較大的動物一般用「頭」，形容比較小的動物要用「隻」。

兒子：我知道了！我們家應該是一頭爸爸，一隻媽媽，對不對？

這是一個笑話。爸爸說得不夠全面。動物的量詞比較複雜，一種動物往往不止一個量詞。家禽只能用「隻」，像雞、鴨；有些家畜用「隻」、「頭」都行，像牛、羊，不完全是按大小來定的。舉例如下：

頭：牛、羊、驢、駱駝、豬

隻：牛、羊、驢、駱駝、老虎、狗、雞、鴨、兔子、蚊子

條：驢、狗

口：豬

再看一段真實對話：

甲：我現在租房子住，但我有信心 30 歲前買一層樓。

乙：香港真是遍地黃金哪，錢那麼容易賺。我一輩子都不可能買一層樓。

甲：你不是早就買了一層樓了嗎？

乙：我哪有？

甲：我早知道了，你瞞着我幹什麼？放心！我不會跟你借錢。

甲乙兩位就是因為量詞鬧了誤會。

下面談談幾個容易出錯的量詞。

層：

香港人說「我有一層樓」，是指在一棟大廈中有一套獨立的、包括廚房和洗手間等設備的房屋。但普通話是指整棟大廈其中的一層，可以包括好多套房子，比如「這棟大廈 28 樓整個一層都是他的」、「你才有兩個單元，人家有一層」。廣東話和普通話所指的範圍不同。廣東話「一層樓」普通話應該說「一套房子」、「一個單元」。因此跟不會廣東話的人談話時，使用「層」這個量詞一定要慎重。

順帶一提，廣東話說「阿王買咗兩個單位」，普通話可不能說買單位。普通話「單位」是工作的機構，例如廣東話「今年公司唔會裁員」，普通話就是「今年我們單位不會裁員」。

在普通話裏「單位」是個老詞，改革開放後，外資企業湧入內地，好多已經隨香港叫「公司」了，但公司員工

仍然可以跟別人說「我們單位怎麼怎麼樣」。

不少詞語廣東話和普通話涵蓋面不同，「單元」有幾個意思，有的廣東話和普通話是共同的，但表示房屋就不同了。只有普通話把「單元」用在房屋上。「一個單元」跟「一套房子」一樣，是指包括廚房、廁所的房子。例如：6 號樓我有一個單元、他一次買了三個單元。香港說「一梯四伙」，普通話說「一層四個單元」或「一層四戶」。

條：

在廣東話中，量詞「條」的使用範圍非常廣，比如一條村、一條題目、一條頭髮及「呢條友」等等。

其中褲子、項鏈、魚等粵普一樣。但是有相當一部分粵普不同。例如：

一條題目 —— 一道題

一條村 —— 一個村子

一條菜 —— 一棵菜

一條香蕉 —— 一根香蕉

一條頭髮 —— 一根頭髮 (tóu fa)

一條鎖匙 —— 一把鑰匙 (yào shi)

一條鐵線 —— 一根鐵絲

有的詞用「條」和「根」都行，像廣東話「一條青瓜」，普通話也能說，但說「一根」的比較多。

間：

普通話「間」作量詞只能用於房屋，如「一間屋子」、

「一間琴房」。有些廣東話用「間」作量詞的，普通話用「家」，如：一家公司、一家工廠、一家餐廳、一家醫院（「所」也行）。學校的量詞也不是「間」，是「所」。

還有一些廣東話量詞普通話沒有，例如：

一梳蕉 —— 一把香蕉

一碌蔗 —— 一節甘蔗

一抽鎖匙 —— 一串鑰匙

一啖飯 —— 一口飯

一陣煙味 —— 一股煙味

一竇狗仔 —— 一窩小狗

3分鐘練習

一、把適當的量詞寫在橫線上，完成下面的句子。

1. 早飯我吃了一 ________ 油條。

2. 頂樓整個一 ________ 都被他們公司租下了。

3. 五姨在街角開了一 ________ 商店。

4. 這是 ________ 美麗的村莊。

5. 他身上有一 ________ 臭味兒，可能昨天沒洗澡。

二、下面的問題應該怎樣回答？把代表答案的英文字母填在橫線上。

A. 很難説。

B. 我是新雅文化事業有限公司的。

C. 你好！很高興認識你。

D. 兩個。他把兩個單元打通了。

E. 那好哇，我喜歡這樣。

1. 你哪個單位的？ ______

2. 這本書是按單元設計的。______

3. 他買了幾個單元？ ______

4. 張先生他們單位今年加薪嗎？ ______

5. 這是我們單位的小越。______

29.「一班人」廣東話、普通話不一樣

媽媽：詩詩，你的同學來了。

詩詩：快進來坐！

爸爸：詩詩，那麼多同學為你慶祝生日，你的人緣不錯。

奶奶：來了多少人？

詩詩：成班人。

奶奶：啊？你們班三十多人，要是全來，哪有那麼多椅子？

奶奶從內地來香港，詩詩跟奶奶說普通話，但是詩詩的普通話只是很「普通」。

廣東話有「成班人」、「一班人」，普通話可以說「一班 (bān) 人」，不能說「成班人」，但普通話的「一班人」跟廣東話的意思可是完全不一樣的！

廣東話「一班人」是泛指；普通話「一班人」中的「班」卻是指學校或培訓機構中的「一個班別」。比如：這所學校一班 30 人、他們一班人之中有三分之一畢業後出國留學去了。普通話「一班人」中的「班」純粹是一個行政單位。

那廣東話「佢哋一班人全部走晒」中的「一班人」普

通話怎麼說呢？和廣東話「一班人」相對應的普通話詞彙是「一幫人」，如：「他們一幫人都在這兒」、「那邊來了一大幫人」。

還要提醒大家注意的是，「一班人」普通話和「一般人」同音，像「你們是一班人」，別人會聽成「你們是一般人」，人家心裏會說：我們是一般人，就你是特殊的人！造成誤會就不好了。

如果想表達「一批人」這個意思，普通話還可以說「一撥人」，如：看！又來了一撥人，這已經是第三撥了，怎麼沒完沒了？「撥」(bō) 通常兒化，口語化色彩更濃。

把下面的詞語填在適當的橫線上，完成句子。（每個選項只可使用一次）

一批　　一班　　一撥　　一班人　　一幫人

1. 小華、小萍是 ________ 的，他們的班主任是王老師。他們 ________ 之中有不少人考上了重點中學。
2. 人太多了，這輛巴士上不去了，你們先上，小華、小萍他們幾個下 ________ 。
3. 今年學校一共有三批同學去遊學，小華和小萍是第 ________ 的。
4. 一進海洋公園，小華、小萍他們 ________ 就往東邊跑了。

30. 普通話沒有「擴闊」一詞

在小報上看到一篇文章，題目是《港大呼籲畢業生擴闊工種搵工》。想談談這個「擴闊」。

隨着改革開放的不斷深入，大量廣東話詞彙進了普通話，像「擁躉」(yōng dǔn)、「咪錶」(mī biǎo) 等。也有從台灣過來的「願景」等詞。但是，有些詞我想是不會被普通話吸收的，起碼短時間內不會。

一類是普通話原來就有，一類是用普通話唸起來拗口 (ào kǒu) 的。「擴闊」就屬於這一類。

為什麼呢？原來這兩個字在普通話中是同音字，都唸 kuò。不少人把「擴」錯讀成「礦」(kuàng)。至於「闊」字，粵普發音差異就更大了。「擴」和「闊」的發音與輪廓的「廓」、包括的「括」相同，讀 kuò。兩個字一起唸很奇怪，不信各位讀者不妨唸唸試試。

要注意，「闊」有兩個意思，一是指面積或範圍寬廣，如「高談闊論」，引申為時間長、距離遠，如「闊別」。

有意思的是，「闊」當「寬廣」用時並不能單用。什麼？不能用「闊」，那用什麼？

1. 用「寬」：廣東話「佢膊頭好闊」，普通話是「他肩膀很寬」。

2. 用「肥」：廣東話「件衫好闊」，普通話是「這件衣服很肥」。

「闊」自己不能出來見人，老是由別人代替，那不是很沒有地位嗎？沒錯，它當「寬廣」講的時候的確如此。不過，它也有「出頭之日」，那就是：

「闊」的另一個意思是錢多、生活奢侈，如「闊氣」(kuò qi)。這時，「闊」就可以單用了，比如「他們家很闊」。

好像很複雜？其實也不是，做做練習看看，你肯定100分。

3分鐘練習

下面的句子應該用「闊」、「寬」，還是「肥」？把答案寫在適當的橫線上。

1. 這條馬路很 ______。
2. 火車在遼 ______ 的平原上疾馳。
3. 不行，褲腰太 ______ 了，得換小一號的。
4. 他是個不學無術的 ______ 少。
5. 這條皮帶太 ______ 了。

31. 足球用語

你會踢足球嗎？喜歡看足球嗎？普通話足球用語會說嗎？

正規的足球術語粵普差別不大，精彩的口語差別就大了。

看下面的例子：

1. 牛油手：黃油手。廣東話「牛油」普通話是「黃油」。

例：他老拿不穩球，大家稱他為「黃油手門將」。

2. 執死雞：撿漏兒、撿了個漏兒。「撿漏兒」(jiǎn lòur) 原是古玩界用語。必讀兒化。

例：意大利的因扎吉（恩沙基）是門前撿漏兒的高手。

3. 插水：假摔。

例：球迷把那些愛假摔的足球員叫作「影帝」。

4. 大細龍門：穿襠破門。「褲襠 (dāng)」就是廣東話的「褲浪」，「板仔褲」普通話叫「吊襠褲」。與「穿襠」有關的詞還有穿襠球、穿襠過人、穿襠技術等。

例：網上有卡卡穿襠過人的視頻。

其他還有：

球證：裁判

笠射：挑 (tiǎo) 射

批踭：肘擊 (zhǒu jī)。

12 碼：點球

中柱：打中門框

中楣：打中橫樑、打中門楣

白界線：球門線、門線

這些詞語都是口語。跟廣東話一樣，普通話有關足球的口語也是十分生動、傳神的，下次看球時可以試着說一說。

3分鐘練習

把廣東話句子翻譯成普通話，寫在橫線上。

1. 靠一粒烏龍波，甲隊贏咗乙隊。

____

2. 又中楣又中柱，就係射唔入。

____

3. 佢因為批踭畀球證罰咗出去。

____

4. 靠阿強一粒笠射，甲隊贏咗乙隊。

____

5. 龍門牛油手，個波碌咗去右邊，阿榮執死雞射入。

____

____

32. 你知道「一字馬」怎麼說嗎？

你愛上體育課嗎？體育課上會玩「跳 over」嗎？你能做「一字馬」和「拱橋」嗎？

不少運動方面的詞彙，廣東話和普通話是不一樣的，像「一字馬」。

1. 掌上壓：俯卧撐 (fǔ wò chēng)。「撐」跟「稱讚」的「稱」同音。

2. 一字馬：劈叉 (pǐ chà) 。「劈」和「叉」是多音字。這裏「劈」指的是「分開」。

3. 拱橋：窩腰 (wō yāo)。這裏「窩」是動詞，是「使彎曲」的意思，還有例子如：把鐵絲窩個圓圈兒。

4. 跳 over：跳山羊 (tiào shān yáng)，一種運動遊戲。

5. sit-up：仰卧起坐 (yǎng wò qǐ zuò)

6. 晨運：早鍛煉 (zǎo duàn liàn)、晨練 (chén liàn)

7. 拗手瓜：掰腕子 (bāi wàn zi)。「掰」解作用手把東西分開。

另外廣東話說「打太極」、「耍太極」都行，普通話不習慣說「耍 (shuǎ) 太極」，說「打太極拳」。

有些運動項目的說法普通話、廣東話也不同。游泳項目中，廣東話的「背泳」普通話是「仰泳」。「花樣游泳」

香港有叫「韻律 (yùn lǜ) 泳」的，還有叫「水上芭蕾 (bā lěi)」的，跟普通話說法不一樣。

香港稱為「韻律體操」的，普通話叫「藝術 (yì shù) 體操」。「跳彈 (tán) 牀」普通話叫「蹦 (bèng) 牀」，平時說小孩子蹦蹦跳跳就是這個「蹦」，也是「跳」的意思。

3分鐘練習

把廣東話句子翻譯成普通話，寫在橫線上。

1. 同小學生拗手瓜都輸，返去練掌上壓啦！

____

2. 我晚晚臨瞓前做 50 下 sit-up，條腰仲咁粗。

____

3. 今日體育堂我哋玩跳 over，好開心！

____

4. 我阿爺朝朝早晨運，佢喺公園耍太極。

____

5. 我姨甥女依家練韻律泳，一字馬、拱橋難唔倒佢。背泳？梗係識啦！

____

____

33.「游兩個塘」怎麼表達？

天氣炎熱，最好的解暑方法就是跳進游泳池游個痛快。你會游泳嗎？能游多少米呢？知道廣東話「游一個塘」普通話怎麼說嗎？

普通話不用「塘」來表達，是用距離表達的。標準游泳池長度是 50 米，香港寸土寸金，好多住宅會所的游泳池都是 25 米長。

因此，如果是標準池的話，「游一個塘」應該說成「游 50 米」；25 米的，應該說「游 25 米」。廣東話「游兩個塘」普通話說成「游一個來回」。以此類推，如果是標準池的話，「我一口氣能游兩個來回」就是「我一口氣能游 200 米」。

看到這裏讀者應該已經發現，我是用「游泳池」而不用「泳池」。對，廣東話說「泳 X」，普通話習慣說「游泳 X」，像游泳池、游泳衣、游泳褲，都是 3 個字。

需要說一下的是，雖然《現代漢語詞典》有「游水」這個詞語，但人們習慣上還是會說「游泳」，很少說「游水」。

游泳用的東西還有浮板 (fú bǎn)、游泳鏡、游泳水袖（也叫游泳臂圈）。

那「水泡」普通話怎麼說？是「救生圈」、「游泳圈」。說人肚子上有很多肥肉，可以說成「肚子上有個游泳圈」。普通話也有「水泡」這個詞，但與游泳沒關係，詳見本書《誰「偷雞」了？》（第42頁）一文。

3分鐘練習

回答下面的問題，把答案寫在橫線上。

1. 在標準游泳池游了一千米，是廣東話的「幾個塘」？

____

2. 普通話「水泡」是什麼意思？

____

3. 「我可以游三個塘」用普通話怎麼說？（指標準游泳池）

____

4. 普通話「我還想游一個來回」是什麼意思？（指標準游泳池）

____

5. 你會帶哪些東西去游泳？

____

34.「屙屎」、「屙尿」怎麼說？

內地的毒奶粉事件曝光後，香港一位著名作家在專欄寫到，希望內地嬰兒儘快吃上優質奶粉，「無石可結，有尿可拉」。這「拉」字用錯了。

我猜可能他認為「屙」(ē) 字不太文明，不想在文章中使用，就用「拉」字代替。

普通話中，大解動詞用「拉」，口語是「拉屎」；小解則不用「拉」，要用動詞「撒」(sā)，口語是「撒尿」——這一「拉」一「撒」不能亂用。因此，「有尿可拉」應該是「有尿可撒」。

這兩個詞也可以展開來用，比如媽媽在家很辛苦，因為她「吃喝拉撒睡什麼都管」。

順便提一下，屎尿的量詞普通話也跟廣東話不同，普通話用「泡」(pāo)：一泡屎、一泡尿。電視上受害兒童家長含着淚說：「喝了問題奶粉，孩子兩天沒一泡尿」，就是這個「泡」字。

「泡」和「撒」都是多音字，要注意。

曾在一個公開場合聽見一位有身分的人當着眾人（有

ao
an
ü
k
ou

女士）說「我去屙尿」（廣東話），頗為不當，讓人感覺很輕佻 (qīng tiāo)。這是用詞不分場合的問題。

有些家居衞生設備的說法粵普也不盡相同。

衞生間裏的設備統稱「衞浴設備」。浴缸原是「澡盆」，現在說「浴缸」也行了。「浸浴缸」是「泡澡」(pào zǎo)。「企缸」說「淋浴設備」，花灑是「噴頭」。

廁所口語也叫「茅 (máo) 房」，以前用得較多。「茅房」比較簡陋，但人的習慣很難改，說慣了，不管是大酒店的豪華廁所還是農村裏的廁所，有的人一律都說「上茅房」。

以前內地抽水馬桶（即「坐廁」）不普及，幾乎都是「茅坑 (kēng)」，也叫「蹲 (dūn) 坑」。普通話中有句俗語叫「佔着茅坑不拉屎」，非常形象地諷刺了一種人，使用得非常廣泛。

3分鐘練習

回答下面的問題，把答案寫在橫線上。（可查詞典）

1. 「泡」是多音字，寫出它的兩個拼音並各組一詞。

___

2. 「撒」也是多音字，寫出它的兩個拼音並各組一詞。

___

3. 俗語「佔着茅坑不拉屎」是什麼意思？用它造個句子。

____

____

4. 「浸浴缸」用普通話怎麼說？

____

5. 「唔好嘥水，沖涼應該用花灑。」普通話怎麼說？

____

35. 我應該怎麼愛你？

甲男：請問，我應該怎麼愛你？

乙男：（臉紅）愛我？你……你不用愛我。

甲男：那怎麼行！這幾天由我負責接待你。

乙男：啊？

別以為這是笑話 (xiào hua)，是真事。

一位內地著名法學專家來港，香港同行可能知道內地規矩 (guī ju) 多，對有身分地位的人很講究 (jiǎng jiu) 稱呼，弄錯了不好，因此在交談之前小心地問：「我應該怎麼嗌你？」，「嗌」字用的是近似廣東話的發音。

如果跟會廣東話的人這麼說，根本不會造成誤會，因為明白你的意思，最多笑話你普通話太差。但是這位專家完全聽不懂廣東話，偏偏「嗌」的發音又跟普通話「愛」(ài) 字近似，結果專家聽到的是——我應該怎麼愛你？兩個大男人，好不尷尬！

這是報紙刊登的消息，那個專家不好意思直接說，但他對記者說出這件事，等於是拐着彎地 (guǎi zhe wānr de) 批評。正確說法是——我應該怎麼稱呼您？

「稱呼」(chēng hu) 是個禮貌用語，對有身分的人、陌生人使用這個詞。如果是熟人，說「我應該叫你什麼」

就行了，比如：原來你是小李的姐夫的弟弟，那我應該叫你什麼？

再就是「我應該怎麼嗌你」中「你」(nǐ) 用錯了，應該用「您」(nín)，表示禮貌和尊重。既然小心翼翼怕弄錯稱呼，就表示非常尊重這個專家，沒理由不用「您」而用「你」。

3分鐘練習

什麼時候用「你」合適？什麼時候用「您」合適？把代表答案的英文字母填在適當的橫線上。

A. 很熟的長輩　B. 客人　C. 上司　D. 老師
E. 接電話時（不知對方身分）　F. 不太熟的長輩
G. 平輩親友　H. 同學　I. 同學的父母　J. 客戶

1. 你：____________________

2. 您：____________________

36. 手指拗出唔拗入

你知道「知人口面不知心」普通話怎麼說嗎？

是「人心隔肚皮」。像這一類句子叫俗語或俗話，是廣泛流傳的、已經定型的語句。

廣東話和普通話不少俗語意思一樣，但說法不盡相同。現在介紹幾個：

1. 手指拗出唔拗入——胳膊肘兒往外拐

   例 1：你怎麼胳膊肘兒往外拐，不幫哥哥反倒幫着外人！

   例 2：沒想到你不支持我反倒支持別的班的同學，這不是胳膊肘兒往外拐嗎？

2. 十畫沒有一撇——八字沒有一撇

   例 1：八字沒一撇呢，你想那麼遠幹什麼。

   例 2：我只是說說而已，八字還沒一撇呢！

3. 打腫面皮充闊佬——打腫臉充胖子

   例 1：你別打腫臉充胖子了，要實事求是。

   例 2：一就是一，二就是二，別打腫臉充胖子了。

4. 蚊髀同牛髀——相類似的有「胳膊擰不過大腿」

   例 1：胳膊擰不過大腿，我勸你就算了吧。

   例 2：你這孩子，幹嘛跟爸爸頂牛，胳膊擰不過大腿呀。

5. 三分顏色上大紅——類似的有「說你胖，你就喘上了」

例 1：說你胖，你就喘上了。上司剛開始重用你，你就要當總經理，別做夢了！

例 2：說你胖，你就喘上了，剛誇你兩句你就不知道自己姓什麼了。

3分鐘練習

下面的是普通話俗語，猜猜與之相應的廣東話俗語是什麼，把答案寫在橫線上。

1. 哪壺不開提哪壺——＿＿＿＿＿＿＿＿＿＿
2. 死鴨子嘴硬——＿＿＿＿＿＿＿＿＿＿
3. 哪有天上掉餡餅的——＿＿＿＿＿＿＿＿＿＿
4. 蒼蠅不叮無縫的蛋——＿＿＿＿＿＿＿＿＿＿
5. 吃人家的嘴軟，拿人家的手短——＿＿＿＿＿＿＿＿＿＿

37.「爛船都有三斤釘」與「瘦死的駱駝比馬大」

不知大家留意到沒有，有些詞語、句子廣東話和普通話不一樣，是跟地理環境有關？

記得很久以前在北京看到一個廣告牌，上面寫着「車到山前必有路，有路必有豐田車」，這一絕妙廣告給我留下了深刻的印象。來香港後幾乎沒有再看到或聽到「車到山前必有路」了，它被「船到橋頭自然直」取代了。

普通話也有「船到橋頭自然直」，但為什麼北京人幾乎很少用呢？因為比起南方，內陸地區山多，很少有河流、湖泊，人們很少見到船，所以很自然地喜歡用車而很少用船了。

廣東話「爛船都有三斤釘」北方人習慣說「瘦死的駱駝比馬大」，也是這個原因。北方沙漠裏才有駱駝 (luò tuo)，北方人用它來比喻不奇怪，對廣東人來說就遠了點兒，因為廣東根本沒有駱駝。

還有「蘇州過後冇艇搭」，普通話是「過了這個村就沒這個店」。北方地區不是大山就是大平原，交通工具是車馬。看古裝片，路人在路邊小店歇腳之後繼續趕路，除非走回頭路，否則一旦經過了這個村落，也就差不多等於告別了這個小店，所以說「過了這個村就沒這個店」。

廣東話「騎樓」普通話就沒有，為什麼？因為沒有這種東西，北方雨水少，根本不需要騎樓。還有「冰」、「雪」，廣東話和普通話的解釋也不同，像廣東話的「雪櫃」，普通話是「冰箱」。「冰」和「雪」有關聯，但他們不是一回事。好多南方人從來沒有見過雪，弄不清楚是很自然的。

是不是很有意思呢？

3分鐘練習

下面的是廣東話俗語，猜猜與之相應的普通話俗語是什麼，把答案寫在橫線上。

1. 各花入各眼——＿＿＿＿＿＿＿＿＿＿
2. 人情還人情，數目要分明——＿＿＿＿＿＿＿＿＿＿
3. 海上無魚蝦自大——＿＿＿＿＿＿＿＿＿＿
4. 打爛沙盆問到篤——＿＿＿＿＿＿＿＿＿＿
5. 有碗話碗，有碟話碟——＿＿＿＿＿＿＿＿＿＿

ao an ü k ou

38. 為「納悶兒」平反

你知道「納悶兒」是什麼意思嗎？啊！你現在心裏一定很納悶兒：畢老師為什麼這麼問呢？

如果有人問我：哪個詞語港人錯得最離譜兒？「納悶兒」必進三甲！為什麼錯呢？是因為不了解詞義。

「納悶兒」(nà mènr) 的意思是「疑惑 (huò) 不解」。

好多人以為它跟廣東話「好悶」的「悶」意思一樣。我在報章雜誌及網絡上多次看到錯誤例子，比如「以往的運動鞋以實用為主打，顏色不離黑、灰，又深又沉又納悶」、「今天有事可做，不用坐在家中一整天納悶了」。

以為都有一個「悶」字，意思就一樣了，真是天大的誤會！

「納悶兒」的正確用法舉例如下：

1. 誰半夜三更打電話來呢？他心裏有些納悶兒。

2. 怎麼會變成這樣？他很納悶兒。

注意「納悶兒」是必讀兒化。「悶」是多音字，詳見《我要學好普通話——語音篇》中《悶熱的「悶」唸第幾聲？》一文。

「納悶兒」是個鮮活的普通話詞彙，口語中經常使用，千萬別把它弄得不倫不類。各位，手下留情！

3分鐘練習

下面的句子應該用「煩悶」、「納悶兒」，還是「沉悶」？把答案寫在適當的橫線上。

1. 這部電影又長又 ＿＿＿＿＿＿，我都快睡着了。

2. 失業加失戀，令他心情 ＿＿＿＿＿＿。

3. 小明答應來，怎樣現在還沒到？他心裏很 ＿＿＿＿＿＿。

4. 我就 ＿＿＿＿＿＿，那麼多人之中怎麼偏偏選中了你？

5. 會上沒人發言，氣氛很 ＿＿＿＿＿＿。

ao an ü k ou

39.「小」和「少」不同

王太太和女兒小玲上街，碰到了李太太。

李太太說：「啊！你的孩子太小了」。王太太很納悶兒：我女兒小玲十九歲了，很小嗎？李太太又說：「看，你的女兒又漂亮又乖，真羨慕死我了！你當初真該多生幾個，一個太小啦！」

王太太這才明白，李太太想說「孩子少」，但卻說成了「孩子小」。

無論是發音還是書寫，都有相當一部分港人把「小」和「少」弄混了。原因有兩個：一是因為廣東話「小」和「少」同音，便以為普通話也同音；二是雖然知道這兩個字發音不同，但總是發不好這兩個音。

「小」音 xiǎo，「少」音 shǎo（這裏不談「少」的另一個音 shào）。兩個字聲母、韻母都不同，只有聲調相同。

「小」作形容詞時一般指體積；也可以指數量，但只限於年歲，比如「弟弟比我小一歲」。

「少」音 shǎo，作形容詞一般指數量。如「今天功課很少」。

也許有人會說：反正意思差不多，不用那麼認真吧。那可不行！請看下面的例子：

小數	小數點左邊是整數部分。
少數	苗族是少數民族。
小吃	台灣的小吃很有名。
少吃	你病剛好，少吃點吧。
小雨	一個鐘頭之前下起了小雨。
少雨	今年乾旱少雨。

所以說，「小」和「少」完全是兩個不同的字，請大家一定要準確使用。

3分鐘練習

下面的句子應該用「小」還是「少」？注意它們發音的不同，把答案寫在適當的橫線上。

1. 我們學校男老師很 ______ 。
2. 這雙鞋 ______ 了點兒，換大一號的吧。
3. 你的聲音太 ______ 了，聽不清楚。
4. 這有什麼，你真是 ______ 見多怪。
5. 外婆食量不大，吃得很 ______ 。

40.「廚師」和「廚子」可不一樣！

小明：你阿爸好威，捉賊立咗功。佢唔怕危險咩？

小欣：差佬係咁㗎啦，預咗啦。你阿爸夠威水啦。

小明：邊係呀，生意佬一個。

小欣：咁大生意，仲唔威水呀？

小明：咁又係，佢好叻。

假如你聽到以上對話，會不會覺得很奇怪？兒女怎麼能稱自己的父親是「差佬」、「生意佬」呢？對呀！如果被小明、小欣的父親聽到，不氣死才怪！普通話也有這個問題。

有本普通話課本上有這麼一句「我爸爸是廚子」。類似這種說法我在報章雜誌上也看到過好幾次。這麼說錯了嗎？

不是對錯的問題，是合適不合適的問題。不錯，「廚子」等於「廚師」，但是在感情色彩上，它不那麼尊重。就像用廣東話說「佢係警察」和「佢係差佬」。

熱愛自己父親的孩子，他會挺起胸膛說「我爸爸是廚師」，不會說「我爸爸是廚子」。假如一個人說「某某的爸爸是廚子」，他一定是看不起某某的爸爸。因此教科書裏用這個詞，無疑是「教壞細路」。

但是表示自謙則可以用。比如一個有成就的廚師受到大家的稱讚，廚師很謙虛，就可以說：「大家過獎了，我只是個廚子，沒什麼本事，只會做兩道菜。」

所以一定要注意選用詞彙的感情色彩。

3分鐘練習

下面的句子中，哪個詞語使用不當？把它圈起來，並把正確答案寫在橫線上。（不可改變原意）

1. 她媽媽是酒樓端盤子的。

   ____

2. 老頭子，請問時代廣場怎麼走？

   ____

3. 我爸是個廚子，做菜好吃極了！

   ____

4. 內地還有不少以撿破爛兒為生的人。

   ____

5. 他年輕時是個戲子，曾經得過不少獎。

   ____

ao an ü k ou

41.「行」和「走」是怎麼回事？

日本人有的名字中有「咲」這個字。很多人以為它不是中文字，其實它不僅是漢字，還是個古老的漢字呢！

這一點兒都不奇怪，日本漢字的源頭在中國。有的詞句我們早已不用了，日本還保留着。

那年到日本旅遊，在停車場看到一個寫着「徐行」的告示牌，我先生隨口吟出蘇東坡的詩句「何妨吟嘯且徐行」。「徐行」是慢慢前行的意思，廣東話中仍然保留了古語「行」，但「徐行」現在已經不說了。

在廣東話保留的古語中，最容易跟普通話弄混的就是這個「行」(xíng) 字。看下表：

詞語	廣東話		普通話	
	意思	例子	意思	例子
行	走	你行先	走	行走（「行」不能單用）
走	跑	走夾唔抖	走	你先走（「走」可以單用）

古語「走」原意是「跑」，普通話只在一些固定詞語中保留了「走」的原意，比如「走馬看花」，「走」不是

行走，實際上是「跑」。「走馬看花」指「大概看一看」，騎着馬跑，當然不能仔細地觀賞美麗的花了。

單用的話，「走」可不能當「跑」用。

3分鐘練習

一、把廣東話句子翻譯成普通話，寫在橫線上。

1. 兩點啦，行啦！就嚟遲到啦！

____

2. 放學嗰陣時，當值老師提醒同學：「唔好走！慢慢行！」

____

3. 死啦！落大雨啦！快啲走啦！

____

二、下面句子中的粗體字意思是什麼？把它的意思寫在括號內。

例：日**行**（走）千里

1. 讀萬卷書，不如**行**（　　　）萬里路。
2. 見後面有人追來，小偷趕快逃**走**（　　　）了。
3. 校隊拿了冠軍，同學們奔**走**（　　　）相告。

42.「哪」、「那」要分清

大寶：快告訴我！我的小貓在那裏！

小慧：啊？你說什麼？

大寶：在那裏！在那裏！

小慧：我不知道哇。你既然知道，你應該告訴我小貓在哪裏，我也很喜歡牠，想跟牠玩兒。

大寶：我知道還問你幹什麼！

小慧：那你為什麼說「在那裏」？哦！原來是你的普通話說錯了。

香港人說普通話，哪幾個字容易說錯？

「那」和「哪」肯定進入前十名。

很多港人說普通話時「那」、「哪」混淆 (xiáo)，多半把「那」說成「哪」。不少人可能會說：發音錯了沒什麼大不了，反正人家也能猜到你說什麼。未必！香港的中文書刊，除了有的教科書，基本是那、哪不分，沒有「哪」，只有「那」，這跟廣東話發音有關。

接觸內地出版物的讀者會發現，這兩個字在內地分得很清楚，台灣也是，就連美國的華文刊物，也是如此。

普通話「那」和「哪」發音不同，意思也不同：

哪：音 nǎ，用於問句，表示疑問。例：他在哪裏？

那：音 nà，表示肯定。例：他在那裏。

以上這兩句，「哪」、「那」絕不能混用，也不能用「那」代替「哪」。

「哪」還有其他幾種用途：

1. 表示否定。例：他哪兒回來了？他今天加班。
2. 表示客套。例：哪裏、哪裏。您過獎了。

3分鐘練習

下列的句子應該用「哪」還是「那」？把答案寫在適當的橫線上。

1. 今天練朗誦有 ______ 幾個人參加？
2. ______ 是個很重要的問題。
3. 她 ______ 有你説得那麼好。
4. ______ 幾題今天要完成？
5. 他在 ______ 裏等你好久了。

43. 美女「講粗口」

有一次我出席一個頒獎典禮，女司儀很漂亮，普通話發音也很標準，但她卻「講粗口」！怎麼可能呢？當着那麼多人的面啊。事情是這樣的：一個打扮成小雞的小女孩兒上台領獎，美女司儀說：「咦？這是小雞吧？」我和旁邊的評判都忍不住笑了。不一會兒，這個小朋友又上台領第二個獎，司儀又說了一次。

我們為什麼笑呢？因為司儀說粗話。

「吧」是輕聲，「小雞」後面加上「吧」，聽起來就是「小雞巴」，而「雞巴」(jī ba) 這個詞在普通話中指男性生殖器官。這是個口語詞，雖然《現代漢語詞典》沒有收錄，但說普通話的人（特別是北方人）都知道，而且使用得很普遍。

當然這是粗話，不是人人都說。北方人稱小男孩兒的生殖器是「小雞雞」，這倒是可以說的。

為什麼要寫這個詞？因為有必要提醒大家。

如果請客人吃飯，千萬不能說：「您不吃牛肉，那您多吃雞吧。」多令人尷尬！牢記：「雞」後面千萬不能跟「吧」！

3分鐘練習

1. 把以下的廣東話對話，翻譯成普通話，寫在橫線上。

主人：條魚係游水嘅，好新鮮，你食多啲啦。

____

客人：我食咗好多。

____

主人：呢碟貴妃雞係呢度嘅招牌菜，你唔食牛肉，食雞啦。

____

客人：好哇，食多件。

____

主人：你要唔要飯？

____

客人：好啊，呢度啲米好好食。

____

2. 以上對話中有兩個地方，如果不留意，很容易造成誤會。是哪兩處？把它們圈起來。

44.「懂」和「會」的疑惑

大家可能會問：「懂」和「會」這麼簡單，怎麼會有疑惑 (yí huò) 呢？

對！這兩個字本身是沒有疑惑的，但是如果它們是從廣東話「識」轉譯過來的，就可能有問題了。

廣東話「識」可以用在很多地方：「我識佢」、「我識游水」、「我唔識去蒲台島」等。如果讓港人用普通話表達上述意思，「我識佢」完全沒問題，就是「我認識他」。但是後兩個就往往出問題。

「我識游水」、「我識彈鋼琴」這類句子，不少人會說「我懂游泳」、「我懂彈鋼琴」。問題於是就來了：這裏應該用「會」，而不應該用「懂」。為什麼？

「會」和「懂」意思差不多，但又不完全一樣，有一些細微的差 (chā) 別。

「懂」是「知道、了解」的意思，比如懂事、懂行 (dǒng háng)、懂英語。是比較抽象的，範圍比較廣。

「會」比較複雜，一般來說，「會」指的是比較具體的，像打排球、游泳等具體的技能。

如果記不住，也可以這樣想：

「懂」是指動腦子，一般不動手；「會」一般還需要

動手操作。個別的事物則兩個都適用，比如「英語」。

3分鐘練習

下列的句子應該用「懂」還是「會」？把答案寫在適當的橫線上。

1. 我不 ______ 開車。
2. 我說了半天，你聽 ______ 了嗎？
3. 其實我不太 ______ 你的意思。
4. 媽媽不 ______ 打麻將。
5. 今天老師講的我全聽不 ______，所以這一題我不 ______ 做。

ao an ü k ou

45. 使用「懂」字要慎重

王太太：李太太，我已經拿到單程證，來香港定居了。我現在住香港仔，有時間來玩兒。

李太太：香港仔？那麼遠，我不懂去。

王太太：從這裏坐巴士，倒兩次車就行。

李太太：不行，不行，我不懂。

王太太：你不懂？(心想) 怎麼這麼早就老人癡呆了？

上一篇講了分辨「懂」和「會」的簡易方法，「3分鐘練習」中第5題的答案是：今天老師講的我全聽不**懂**，所以這一題我不**會**做。為什麼呢？老師講了很多，可能有原理、概念、方法等等，是抽象的、概括的，這個學生聽不明白，腦子糊塗 (hú tu)，應該用「懂」。但具體到某一頁的某一題，該拿起筆做題了，就該用「會」了。

其實大家主要的問題出在什麼都用「懂」來代替。比如：「奶奶不懂用電腦」、「我不懂去你家」、「他一點兒都不懂我」。最嚴重的，我曾聽到有人說「我不懂中國啊！」。

「奶奶不懂用電腦」中的「懂」是從廣東話「識」譯過來的。使用電腦是一個很具體的動作，應該用「會」。

「我不懂去你家」也源於「識」，前面提到的王太太熱情地邀請李太太去她家作客，李太太應該說「我不知道

怎麼去」、「我不知道怎麼坐車」。

「他一點兒都不懂我」應該說「他一點兒都不了解我」、「他一點兒都不明白我的心意」諸如此類的，已不屬於「識」的範圍了。

至於「我不懂中國啊」就錯得更嚴重了。他想表達的應該是「我不了解中國」。

順帶提一下，文首對話中，王太太說「倒兩次車」，「倒車」就是廣東話「轉車」的意思。

3分鐘練習

把廣東話句子翻譯成普通話，寫在橫線上。

1. 我唔識去，要去你自己去。

____

2. 爸爸識咗陳叔叔好耐。

____

3. 其實我唔明呢位伯伯講乜。

____

4. 媽媽識畫油畫。

____

5. 爺爺唔識用數碼相機，叫我教佢。

____

46.「疼」、「痛」有別

「好痛啊！痛死我啦！」普通話是不是這麼說呢？

普通話應該用「疼」。「疼」和「痛」是一回事，像一對孿生兄弟，但在實際應用當中，這兩個字「各司其職」，不能互相替代。我們來看看：

1. 疼 (téng)：

在口語中，如果單用，一般習慣用「疼」，不用「痛」。像「我的頭疼」、「他肚子疼」、「女兒傷在手上，母親疼在心上」。

2. 痛 (tòng)：

「痛」一般用於雙音節詞語，作書面語用。例如「痛苦」、「無關痛癢」、「痛惜」、「痛恨」、「痛斥 (chì)」、「痛不欲生」。

這裏要說明一下，如果說「頭痛」、「肚子痛」不是錯，南方有些地區、台灣地區習慣這麼說，單獨使用時用「疼」字是北方地區的習慣。作為普通話老師，有責任把一個詞語的實際使用情況告訴大家，把各地區的使用習慣告訴大家，而不是只看字典、詞典，見字典、詞典收錄了，就機械地斷定對或錯。

說到「疼」，順便說一下，「疼」還能組成詞語「疼

愛」，與「疼痛」無關，是「關切、喜愛」的意思。廣東話「媽咪好錫我」的「錫」用普通話說就是「疼」。譬如 (pì rú)「奶奶最疼小孫 (sūn) 子」、「這孩子招人疼」。

3分鐘練習

下列的句子應該用「疼」還是「痛」？把答案寫在適當的橫線上。

1. 看着他自甘墮落，媽媽非常 ______ 心。
2. 我胃 ______ 得要命。
3. 她姥姥特別 ______ 她。
4. 他 ______ 下決心，決定戒煙。
5. 那麼貴重的花瓶打碎了，姥爺很心 ______。

47. 普通話沒有「無話兒」

學生：老師，《皇上無話兒》是什麼意思？

普通話老師：什麼？是無話可說？還是皇上是個啞巴？我不明白你的意思。

學生：怎麼？這不是普通話嗎？

普通話老師：當然不是普通話！普通話才不這麼說！

學生：我一直以為是普通話。那……好像也不是廣東話呀。既不是普通話，又不是廣東話，那、那是什麼話？

真的，港人好像特別喜歡說「無話兒」。不少人以為它是普通話說法，包括我的學生，其實它既不是廣東話，也不是普通話。

名詞「話」可以兒化的情況很少，舉幾個例子：

1. 你們好久沒見了，坐着說說話兒，我來做飯。
2. 他走的時候沒給我留話兒嗎？
3. 兩個小姐妹正在說悄悄話兒呢！
4. 我有事找他，能不能幫我給他帶個話兒？

如果前面是「無」或「沒有」，「話」就不能兒化。比如：

我跟這個人沒話說、那我就無話可說了、一夜無話、他這是沒話找話說、難道你沒話說了嗎？

最怕的就是編造出既不是廣東話，又不是普通話的詞語。

3分鐘練習

以下哪句話符合普通話的規範？在旁邊的空格內加 ✓；不符合規範的加 ✗。

1. 她走去他旁邊坐了下來。 ☐
2. 你們先說說話兒，我一會兒就回來。 ☐
3. 今年已經不興這種顏色了。 ☐
4. 我覺得沒所謂。 ☐
5. 回來香港之後他就病了。 ☐

ao an ü k ou

48.「德性」不能亂用！

同事王老師到一所小學參觀。走進一間教室，赫 (hè) 然看見壁報板上的大字：「中國人的德性」。下面貼了好多中國名人的照片，印象中有孫中山等。她當場呆 (dāi) 在那裏了！

為什麼？因為「德性」一詞！

當時沒有老師在場，只有一個值日的女生，王老師問她知不知道「德性」的意思，女學生可能估計到這個詞用錯了，沒有回答，只是尷尬 (gān gà) 地搖搖頭。

很明顯，是「經手人」把「德性」跟「德行」弄混了。

恕我要佔用一些篇幅抄錄《現代漢語詞典》，不能節錄，要原文抄錄，否則很可能又犯同樣的錯誤了。

【德行】dé xíng 名道德和品行：先生的文章、～都為世人所推重。

【德行】dé · xing 〈口〉名譏諷人的話，表示看不起他的儀容、舉止、行為、作風等：看他那～，不會有什麼出息。也作德性。

【德性】dé · xing 同「德行」(dé · xing)。

由此可見，《現漢》中有兩個「德行」。第一個意思是「道德、品行」；第二個是輕聲詞（而且是必輕的），

是譏諷 (jī fěng) 人的詞語。

壁報的設計者可能認為：既然「德性」跟「德行」一樣，那乾脆用「德性」算了。卻沒看清楚人家「同」的是第二個，不是第一個！

這第二個「德行」比較複雜：

1. 它跟「德性」可以通用；

2. 它讀輕聲時，聽起來跟「德性」一樣。

正因為如此，好多人願意用「德性」，以便跟第一個不是輕聲的「德行」區分開來。

輕聲「德行」是諷刺人的，如「瞧他那德行！」、「看你這臭德行！」意思相當於廣東話的「睇你個衰樣」，孫中山等偉人怎麼能用「德性」呢！

但有意思的是，如果是親人或是很熟的朋友，也會用「德性」這個詞。比如阿張是阿王的死黨，阿王眉飛色舞地跟阿張說他要升職了。阿張很高興，但對老友不會說「我真替你高興」，那就見外了，一般同事才會這麼說，阿張衝口而出的話可能就是「看你這副德性！」

3分鐘練習

下面哪些句子中的「德行」是表示譏諷的意思？在旁邊的空格內加✓；不是的加✗。

1. 俗話說「德行傳千古，名聲值千金」。 □
2. 這孩子這麼小就這德行，長大了可怎麼辦哪！ □
3. 王老師德行、才學兼備，很受學生歡迎。 □
4. 又抽煙又喝酒又沒固定工作，就我這德行，誰敢嫁我？ □
5. 那兩個人一個德行，你就別抱希望了。 □

49.「她終於去了」到底是什麼意思？

說一個人中文好，我認為簡單來說就是能夠做到「得心應手」（包括說話）。

具體說就是：完全用廣東話口語寫粵式中文寫得好；寫給香港人看的港式中文也寫得好；如果寫給粵語地區之外的人看，也能寫得好——也就是具有駕馭語言文字的能力，說白了就是「需要什麼有什麼」。

要做到這一點，準確表達很重要，「準確表達」就是遣詞造句要恰到好處，如果是說話，還要考慮語氣、語調、表情、身體語言等等，上述幾點都能做得到、做得好，其實很難。

就以一宗新聞為例，甘肅校車發生車禍，出事的校車原本只能載 9 人，卻載了 64 人，導致 21 個孩子死亡。網上有文章的標題是「甘肅正寧校車慘劇」，而官方的標題是「11．16 特大交通事故」。這個標題讓人以為只是一起純粹的交通事故，隱去了地點，也隱去了車禍的性質（人為因素）——語言（語文）是多麼的重要！

再舉個例子：肥肥沈殿霞去世時，一份雜誌這樣寫道：「經過一年多與癌魔搏鬥，肥肥終於去了。」我不是肥肥的「擁躉」，但看了之後心裏很不好受。問題出在哪裏？

ao
an
ü
k
ou

在「終於」上面！

「終於」有等待、期盼的意思，這樣寫等於是盼着肥肥死。不知就裏的人會疑惑：她不是很受歡迎嗎？

中文博大精深，就差那麼一點兒，表達的程度、感情色彩、是褒是貶就可以完全不同。

3分鐘練習

回答下列問題，把答案寫在橫線上。

1. 以下哪句話可以用「終於」？

   A. 他 ______ 考上了大學，全家人高興極了。

   B. 爸爸、媽媽 ______ 離婚了，我感到像跌進了深淵。

2. 「李太太長得很胖」和「李太太長得很富態」有什麼不同？

   ______

   ______

3. 都是「死亡」的意思，為什麼「他奶奶死了」和「他奶奶去世了」給人的感覺不一樣？

   ______

   ______

50. 臉盤兒？臉盆兒？

奶奶：阿明的女朋友長什麼樣兒？

媽媽：不好看。小眼睛，方臉盤兒。

奶奶：方臉盤兒？洗臉的盆應該是圓的，怎麼他們家的是方的？

這是一則笑話，奶奶是廣東人，很關心孫子的女朋友長得怎麼樣。

可能廣東話「盤」、「盆」同音的關係吧，香港人常常混淆這兩個字，不信請留意一下建築工地的告示牌，有寫「地盤」的，也有寫「地盆」的。廣東話的「地盤」主要有兩個意思，一是指「建築工地」，二是指勢力範圍；不過在普通話裏，就只用作表示勢力範圍，如「爭奪地盤」。

普通話「盤」音 pán，「盆」音 pén。作為容器，「盆」深「盤」淺，新界人吃的是「盆菜」、清蒸石斑裝在「大盤子」裏，是不能互換的。

由「盤」字引申出來的詞不少，「臉盤兒」是其中之一。它指臉的形狀，臉大說「大臉盤兒」，臉圓是「圓臉盤兒」。有人戲稱某位香港小姐是「pizza 面」，是大圓臉盤兒。如果一個人的臉形窄 (zhǎi) 或者尖，直接說「他的臉窄」、

「她下巴 (xià ba) 尖」就行了。

奶奶把「臉盤兒」誤作「臉盆兒」。「臉盆兒」是洗臉用的，也說「洗臉盆兒」。當然，「臉盆兒」除了洗臉，也可以幹別的，像洗衣服、裝東西等等。

盆子

盤子

3分鐘練習

下列的句子應該用「盤」還是「盆」？把答案寫在適當的橫線上。

1. 她臉 ______ 小，梳什麼髮型都好看。
2. 兩股勢力在爭奪地 ______ 。
3. 四川 ______ 地是中國四大 ______ 地之一。
4. 現在人們已經很少用洗臉 ______ 洗臉了。
5. 小明，我炒完菜了，幫我拿個 ______ 子來。

51.「臉」、「面」要弄清

有一則笑話：

課堂上，老師講「乳」是「小」的意思，像乳鴿、乳豬。講完之後，老師要小明造句。小明說：「房價高，我家只買得起500呎的乳房。」老師氣壞了：「重來！」小明說：「老師不行了！我很笨！我的乳頭都快爆炸了！」

笑話中的「乳」，意思是「初生的」，含「小」的意思，但是不等於「小」。

其實學普通話也有類似情況：兩個字意思差不多，於是就以為可以互相替代。

就拿「臉」和「面」來說，常常聽到（或看到）一些錯誤例子：她打針後面變小了、一發言她的面就紅了、你也太不給我臉子了。

沒錯「臉」和「面」意思一樣，有時可以通用，比如：面對面和臉對臉、面頰 (jiá) 和臉頰、面龐和臉龐 (páng) 等，都可以。但不是所有的都能相互代替。

像「面子」的意思是「情面」，但不能單用「面」一個字，廣東話有「唔要面」，普通話可沒有。「丟 (diū) 面」、「唔要面」要說成「丟臉」、「不要臉」。

有個情況有必要說一下。用來洗臉的盆，普通話叫「臉盆」，有些人弄錯了，管它叫「面盆」。這時，不要馬上說：「不對！普通話中沒有『面盆』(miàn pén)！」為什麼呢？因為只聽不看，「miàn pén」也可以是「麪盆」，而普通話中是有「麪盆」的！

內地 1949 年之後一律用簡體字，「麪」是繁體字，內地早已不用，所以在內地「麪盆」寫出來就是「面盆」。

「臉盆」是「洗臉盆」的簡稱，普通話口語說「洗臉」不說「洗面」。因此，「臉盆」在衞生間，是洗臉用的；「麪盆」在廚房，是和 (huó) 麪用的。和麪就是廣東話「搓麪粉」。

3分鐘練習

下列的句子應該用「面」、「麪」還是「臉」？把答案寫在適當的橫線上。

1. 她是個愛 _______ 子的人。
2. 變 _______ 表演很精彩。
3. 姐姐結婚之後總是一 _______ 幸福。
4. 你這樣做，他會覺得很丟 _______ 。
5. 我從來不做飯，所以我們家沒 _______ 盆。

52.「功夫」等於「工夫」嗎？

一個外國留學生問中國同學：「在你們中國人心目中，功夫那麼重要嗎？」中國同學很納悶兒：「不是啊。你為什麼這麼說？」留學生回答：「為什麼我每次約女同學吃飯，她都說：『等有功夫再說』？是不是她怕我是壞人，必須先練好功夫才能跟我約會？」

因為香港的「功夫片」世界聞名，所以粵語「功夫」一詞全世界的人都知道。但是這個留學生所說的「功夫」跟女同學的「工夫」完全是兩回事！留學生為什麼會誤會呢？因為這兩個詞的發音一模一樣。

我們來看《現代漢語詞典》的解釋：

1. 功夫 (gōng fu)：

(1) 本領。例：他的古文功夫很深。

(2) 武術。例：李小龍的功夫世界聞名。

2. 工夫 (gōng fu)：

(1) 時間。例：他兩天工夫就學會了騎自行車。

(2) 空閒時間。例：等有工夫再去吧。

這兩個詞比較麻煩，一來它們同音，二來某種情況下他們可以互換，那個留學生因為沒有上文下理的幫助，就

聽不懂了。

你會擔心你說這兩個詞別人聽不懂嗎？告訴你一個竅門兒——「工夫」說兒化。「工夫」不是必兒詞語，但口語中大多兒化。「工夫」一兒化，就跟「功夫」區別開了，人家就不會聽不懂你說什麼了。

3分鐘練習

一、回答下面的問題，把答案寫在橫線上。

1. 廣東話「我唔得閒」普通話有哪幾種表達方式？

(1) ____________________

(2) ____________________

(3) ____________________

2. 「功夫片」有兩個音，查字典，寫出拼音。

(1) ____________________

(2) ____________________

二、熟讀以下句子。

我喜歡的文藝片都沒工夫兒看，哪有工夫兒陪你看功夫片。

53.「不好意思」是什麼意思？

網上有個笑話，拿來學普通話很合適。

某老外苦學漢語後到中國考試，試題是：解釋下文中每個「意思」的意思。（為方便起見，下文加上數字標示。）

阿呆給領導送紅包時，兩人的對話頗有意思。

領導：你這是什麼意思？

阿呆：沒什麼意思，意思意思 (1)。

領導：你這就不夠意思 (2) 了。

阿呆：小意思，小意思。

領導：你這人真有意思 (3)；但我不好意思嘛。

阿呆：是我不好意思 (4) 才對。

老外答不出來，交白卷回國了。

(1) 是請客、送禮的時候說的，指請客、送禮物「代表的心意」。

(2)「不夠意思」表面是指「見外、沒把我當朋友」，其實只是客套話。

(3) 是話裏有話，實際上是誇對方頭腦靈活，也就是廣東話的「識做」。

(4) 含義是雖然花錢的是我，但讓你受累、讓你操心了，我心裏很過意不去——自己花了錢還內疚。

小小一個詞那麼複雜，難怪老外不及格。

「意思」是個很複雜的詞語，含義多，用法多。

再說說另一個「意思」家族的成員——「夠意思」：

1. 讚賞。例：這小子夠意思，幹得不錯！

2. 夠朋友、夠交情。例：他那麼忙還幫你，夠意思的了。

3. 也用於否定，前面加「不」。例：老朋友都不幫，真不夠意思！

再來說說「不好意思」。我剛來香港的時候，經常聽港人說「不好意思」，覺得特別彆扭（現在不知不覺被「同化」了。）普通話「不好意思」主要有以下幾個意思：

1. 害羞。例：別誇他了，他都不好意思了。看！他臉都紅了。

2. 難為情。例：無功受祿，實在不好意思。

3. 礙於情面不便或不肯。例：我不想去，但又不好意思拒絕。

大家下一次到內地，遇到要道歉的時候，可以交替使用「對不起」、「很抱歉」等等，不要只說「不好意思」了。

3分鐘練習

下面的「夠意思」、「不夠意思」是什麼意思？把適當的英文字母填在括號內。（可重複使用）

A. 表示讚賞
B. 夠交情、夠朋友
C. 不夠交情、不夠朋友

1. 你這就**不夠意思**（　　）了，請你吃頓飯還非給我錢。
2. 您特地請假陪我們遊香港，真**夠意思**（　　）。
3. 這丫頭居然拿了冠軍，真**夠意思**（　　）！
4. 我們那麼多年交情了，這點兒忙都不幫，真**不夠意思**（　　）。
5. 他自己都捨不得買，買給你，已經**夠意思**（　　）了。

54. 美豔的女鬼

有一個詞經常被人錯用，那就是「花圈」。「給某某人戴上花圈」這種說法常常出現在印刷品上。這誤會可鬧大了！

泰國、緬甸等國家的女士，很喜歡把鮮花用線串成一串掛在脖子上。夏威夷跳草裙舞的演員也常常這樣打扮。這種串起來的花常常用來迎賓，不是給客人獻一束花，而是把花穿起來，整串掛在來賓的脖子上。

我不止一次看到「為他獻上花圈」之類的說法，而那個「他」卻是個大活人！

還看到過說太陽神阿波羅（Ābōluó）頭上戴的是花圈。最過分的一句是「美豔的新娘頭上戴着花圈」——如果新娘的親友是廣東人，一定會說「大吉利市」！普通話要高聲說「呸！呸！呸！」。「呸」(pēi) 代表退回，就是不接受這句話。

在普通話裏，花圈是獻給死人的，它一定不會是別的東西，只能在葬禮上、墓地裏看到它，或是在紀念日，向紀念碑獻花圈，表示對逝者的敬意。那上面提到的其他那些花該怎麼說呢？

那些串起來的花叫花環，新娘頭上的是花冠，阿波羅

頭上戴的是用月桂樹的枝、橄欖枝等編的，也是冠或者叫冠冕，他是天神嘛。

因此，如果把新娘頭上的花冠叫花圈，那就不是「美豔的新娘」，而是「美豔的女鬼」了。

3分鐘練習

下列的句子應該用「花環」、「花冠」，還是「花圈」？把答案寫在適當的橫線上。

1. 妹妹在新年晚會上扮演森林女王，她頭上戴着 ___________，美極了！
2. 每年抗戰紀念日都有市民來到這裏，向烈士獻 ___________。
3. 家屬獻的 ___________ 放在靈堂的正中間。
4. 總統走下飛機，立即有少女獻上 ___________，對他表示熱烈歡迎。
5. 來到郊外，她興奮極了，把野花編成 ___________ 戴在頭上。

ao an ü k ou

55.「逼迫」這對姐妹

小文：「你不要破我了，再破我我就受不了了！」

小維：你説什麼鬼話呢？

小文：我在唸你的作文。

小維：什麼？

小文：不信你自己看！

「你不要迫我了，再迫我我就受不了了！」果然是小維寫的——他把「逼我」寫成了「迫我」。

「逼迫」兩字意思一樣，在口語中，廣東話用「迫」不用「逼」，普通話正好相反。

「逼」音 bī，跟廣東話還算相近。「迫」音 pò（音同「破」），跟廣東話發音簡直相差十萬八千里。

除了發音，普通話跟廣東話用法也不相同。普通話的情況是：

迫：一般用於雙音節和書面語，不單用。例：壓迫、迫切、迫害、飢寒交迫、迫不及待。

逼：口語表達時單用。例：你別逼我！

也能用於雙音節，例如逼近、逼債、威逼利誘，還有上面提到的逼迫等等。

3分鐘練習

下列的句子應該用「逼」還是「迫」？把答案寫在適當的橫線上。

1. 我相信他能從容不 ______ 地應付。
2. 形勢 ______ 人啊！不得不這麼做。
3. 這件事 ______ 在眉睫，你不能不管！
4. 他 ______ 得她太緊了，她 ______ 不得已離開了他，並強 ______ 自己忘掉他。
5. 你別 ______ 我了好不好？我已經夠煩的了！

56.「擹躉」進了普通話詞典

你有普通話工具書嗎？有哪一本？

《新華字典》和《現代漢語詞典》（皆為商務印書館出版）一個查字，一個查詞，可以說是學習普通話的「法典」，是教普通話和學普通話的人必不可少的兩本工具書，因為它們是認受性最高的普通話工具書。

這兩本工具書有一個好處，就是會隨着語言的變化不斷地更新和修訂。

新版《現代漢語詞典》就增加了好多新詞，其中包括大量的廣東話詞彙。比如無厘頭、煲電話粥、甜品、啫喱、樓花等，甚至連擹躉 (dǔn) 這種地方色彩很濃的詞都收進去了。除了廣東話用詞，還有台灣的「泡麪」，也收了。

擹躉、無厘頭、煲電話粥標注了〈方〉，表示它還屬

於方言，甜品、啫喱、樓花等連〈方〉字都沒有標，這表示它們已經完全是規範的普通話詞彙了。

隨着兩岸四地人員的相互往來和資訊的流通，詞彙自然而然地在不斷相互影響和融合。像樓花、按揭，普通話本來是沒有的，既然廣東話中有現成的，那麼就把它原封不動地拿過來用了。

特別要留意新加的字音。像「拜」字，以前只有 bài 一個音，第十一版《新華字典》率先加了 bái 音，注明出自「拜拜」。還有「的」，加了「的士」的「的」(dī) 這個音。第六版《現代漢語詞典》還收錄了「啫」和「啫喱」，「啫」注音 zhě。雖然注明「英 jelly」，是以外來語身分進入《現漢》的，卻是從香港傳入的。大量港式粵語進入普通話，是我們香港人的驕傲！

面對這種新形勢，無論是教普通話的，還是學普通話的，都要跟上時代的步伐，不能墨守成規了。比如一個學生說「我的電腦死機了」，就不能扣人家的分數。因為「死機」一詞已收進《現漢》了。同樣，一個學生把「拜」唸成「白」，老師也不能扣分了。

以下哪些廣東話詞彙已被收進《現代漢語詞典》了？先猜猜，再查查，把它們圈起來。

西餅　　巴士　　穿煲

寫字樓　　靚女　　高企

穿幫　　搞掂　　便當（不輕聲）

狗仔隊　　手信　　豬扒

57. 打的吃甜品

上一篇文章談到普通話接受廣東話詞彙的一種情況——拿來主義。還有一種情況也是拿來主義，但會略微 (lüè wēi) 改動一下。

一個詞語到了一個新的地方，常常會根據當地的情況發生變化，然後派生出新的詞彙。

像「的士」(dī shì)，以前內地沒有這個詞，內地叫「坐出租車」、「坐出租」。「的士」一詞傳到內地後，大陸同胞一般不說「坐的士」，他們通常以「打」字作動詞，後面只加一個「的」字，變成「打的」(dǎ dī)。

大陸同胞還把「的士」這個詞「發揚光大」了，引伸出一連串新的口語詞。

1. 的哥：男性出租車司機
2. 的姐：女性出租車司機
3. 的爺：年長男性出租車司機
4. 的票：的士發票

這些都是俗稱，叫「的哥」、「的姐」很親切。

再舉「埋單」一例，以前普通話說「結帳」、「算帳」。後來廣東話「埋單」一路「北上」，大受歡迎。也巧了，「埋」(mái) 的廣東話發音和普通話裏的「買」(mǎi) 差不多，內地同胞就乾脆說成「買單」(mǎi dān) 了。

現在《現代漢語詞典》「埋單」和「買單」兩個都收了，前者標了〈方〉，後者已經成為規範的普通話詞彙了。

3分鐘練習

以下詞語都進《現代漢語詞典》了，哪幾個還屬於方言？查一查，把它們圈起來。

烏龍	烏龍球	靚仔	搞定	咪錶	旺舖
搞笑	泡麪	八卦	的士	啫喱	高企
甜品	電飯煲	埋單	雪條	雪糕	雪藏

58. 小思老師洗手

1985 年，我還沒來香港定居，還在北京，盧瑋鑾（小思）教授作為我父母的客人到家裏作客。

臨走，她說想洗洗手，我就用臉盆打了半盆水，應該是冬天吧，我還加了熱水。可是她並沒有洗手，也不說什麼，只是笑笑。

不洗手嗎？那幹什麼？我忽然靈機一動，帶她去洗手間。我猜對了。

這件事給我留下了很深的印象。

你看，茅房、廁所、洗手間——同一樣東西，但選用哪一個，是有講究的。要看場合、時間、自己的身分、對方的身分等等。試想，一個可愛的女孩兒打扮得漂漂亮亮跟爸爸、媽媽去喝喜酒，喜宴上她突然當着眾人的面高聲說：「阿媽，我要屙尿！」你會不會覺得她粗魯、沒家教？或者發出「唉！可惜了」的歎息？

我有一位台灣朋友，我清楚地記得第一次見面時她很溫柔地問：「哪裏有化妝室？」我一愣。後來才知道台灣也管洗手間叫化妝室（受日文影響）。她哪裏是想化妝，初次見面，這根本就是一種客氣的說法。

那類似的情況，應該怎麼表達才合適呢？如果是熟人，

說「上廁所」就行，跟一般人可以說「去洗手間」、「去衞生間」，這樣說很穩妥，保證不會失禮。

「解憂所」一詞最早在韓國出現，現在也傳到了內地了。

下面是內地一個廁所門上的對聯：

靜坐片刻　便會放鬆意念
清閒一會　即成造化神仙

很幽默吧？

3分鐘練習

下面的話應該在哪種場合說？把代表答案的英文字母填在適當的括號中。（每題答案可多於一個）

A. 在家中　B. 在公廁　C. 在正式場合
D. 對家人或好友說　E. 對不熟悉的人說

1. 對不起！我去一下洗手間。（　　）
2. 我要撒尿。（　　）
3. 我想上廁所。（　　）
4. 喂！你拉完沒有？我要遲到了，快點！（　　）
5. 你上完了嗎？要不我到外面等你？（　　）

59. 老公變了

小強：你知道嗎？以前普通話裏沒有老公這個詞。

小明：誰說的？

小強：真的！這個詞是改革開放以後才有的。

小明：你只說對了一半。以前普通話也有，但卻是「太監」的意思。

小強：啊？老公是太監？那爸爸……

小明說得對，普通話有「老公」這個詞，但卻是輕聲詞，意思是太監。

那麼，內地女同胞為什麼願意接納廣東話「老公」一詞？這個問題很有意思。普通話中「丈夫」、「愛人」、「先生」不是面稱，在使用上有局限性。比如一位女士可以對別人說「這是我丈夫」、「我先生姓李」，但沒有人會當着面對丈夫說：「丈夫，幫我倒杯水。」或是說：「愛人！把門關上。」她們會稱呼丈夫「孩子他爸」，或喊一聲「喂！」，或乾脆直接叫名字。

在這種「詞彙短缺」的情況下，正巧趕上廣東話「北上」，「老公」一詞就派上用場了——《現代漢語詞典》就在太監老公之後加上了丈夫老公，但標了〈方〉字，是方言。到第五版《現漢》出版，乾脆連〈方〉也不要了，

正式成為規範的普通話詞彙了，不僅如此，還「爬頭」放在太監老公之前。

詞彙是在不斷變化的。

3分鐘練習

下列廣東話詞彙普通話該怎麼説？把答案寫在橫線上。

1. 原子筆：＿＿＿＿＿＿＿＿

2. 鉛芯筆：＿＿＿＿＿＿＿＿

3. 香口膠：＿＿＿＿＿＿＿＿

4. 電視劇集：＿＿＿＿＿＿＿

5. 番梘：＿＿＿＿＿＿＿＿＿

6. 筆刨：＿＿＿＿＿＿＿＿＿

7. 萬字夾：＿＿＿＿＿＿＿＿

6. 粉擦：＿＿＿＿＿＿＿＿＿

60.「鴛鴦」是動物還是飲料？

孫子：奶奶，您想吃什麼？

奶奶：這家甜品店什麼東西出名？

孫子：馬蹄露。

奶奶：馬的蹄子也能吃？怪不得人們都說「廣東人除了桌子，凡是四條腿的都吃」，你們太殘忍了！

孫子：您誤會了。您看，馬蹄露來了。

奶奶：這是……馬蹄原來是荸薺！味道還不錯！

有一天上課，學生小琪對我說：「老師，『窩心』是從台灣傳過來的。」

對！她提醒了我，香港常用的一些詞，有的出處並不是廣東話。

比如「窩心」就是從台灣傳過來的。在台灣，「窩心」的意思是「因為感動，覺得心裏很溫暖」。在內地是方言，北方地區廣泛使用，意思是「受了委屈和侮辱不能發洩，心中很苦悶」。舉個例子：「叔叔被人騙去了一筆錢，他很生氣，本想把對方臭罵一頓，但那個人是他的親戚，鬧僵了會影響整個家族的關係，叔叔很窩心。」你看！同一個詞語，內地和台灣的意思相差十萬八千里！

「便當」由日本先傳到台灣，再傳到香港。普通話「便當」(biàn dang) 的意思是「方便」，是輕聲詞。比如：這裏買東西很便當。現在作為盒飯的「便當」(biàn dāng) 已經被收進了《現代漢語詞典》，標注了〔日〕，表示源自日文。

還有一個現象是詞彙的流通和融合。

像「帶子」，以前就是指長長的、綁東西的編織物，改革開放後隨廣東話「北上」，內地餐館菜單上也有「西蘭花炒帶子」了。「帶子」普通話原本叫「鮮貝」或「扇貝」。廣東話「瑤柱」，普通話則是「乾貝」。

作為食物，「馬蹄」、「鴛鴦奶茶」在內地也有人用了。以前「馬蹄」、「鴛鴦」只與動物相關，不指食物。

3分鐘練習

利用文中的詞語完成句子，把答案寫在橫線上。

1. 中國足球隊又沒能衝出亞洲，真 ________ 哪！
2. 住在這裏很不錯，坐車、買菜都挺 ________ 的。
3. 我在香港的甜品店吃了馬蹄露，是用 ________ 做的，可好吃了！
4. 這條裙子設計高雅，腰間那條 ________ 更是點睛之筆。
5. 她買了一對枕頭套送給要結婚的好友，枕頭套上繡着一對 ________，代表夫妻恩愛。

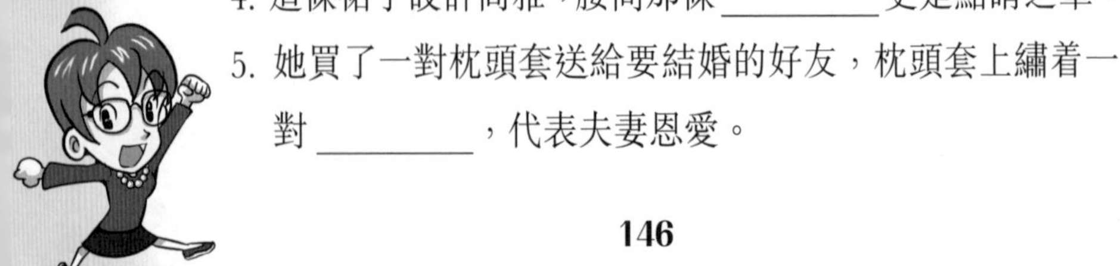

61. 以前根本沒有「走光」

以前內地過年不說「恭喜發財」，它是改革開放以後從香港傳過去的。

有時候，當人們接受一個新詞語時，也意味他們接受了這個行為，像以前內地根本沒有「走光」這個概念。改革開放以後，大量廣東話詞彙從香港進入內地，這是香港人對現代漢語發展的貢獻。

其實這不僅是語言方面的貢獻，它同時對內地民眾的思維模式和行為模式也有着影響。香港人，別小看自己。

內地以前沒有「走光」、「露 (lòu) 點」這類詞語，那是因為以前沒有這個概念。現在內地同胞知道了原來世界上大多數的人都認為這是不文明的行為，或多或少會約束一下自己的行為。「投訴」以前也沒有。碰到需要投訴的情況，就說「我找你們領導去」之類的，市民也不知道投訴的程序，因為沒有提供投訴的渠道，最多放個「意見箱」，作用也不大。現在進步多了。

語言的影響超越了語言本身。

下面的詞語中，出自廣東話的，在下面劃 ___；英文的，在下面劃 ═══；日文的，把它們圈出來。

1. 他們買了三明治、熱狗，由志強買單。
2. 表哥平時很酷，不理人，只有唱卡拉 OK 時才「原形畢露」。
3. 李先生買樓花花了一大筆錢，但那個樓盤卻爛尾了。
4. 他被炒魷魚之後就在家裏當宅男。
5. 今晚電視播《影視金曲大放送》。

62.《香港社區詞詞典》

曾經有學生在考口試的時候把「警署」改成「警察局」。

警察局？香港哪兒有警察局？明明說的是香港的事，卻一口一個「警察局」，聽起來挺彆扭的。還有八達通、律政司、財政司等，都是香港才有的詞彙。按照這位學生的邏輯，難道非要把律政司司長稱為司法部部長不成？答案當然是否定的。

像八達通、律政司這類詞，屬於「社區詞」。田小琳教授的《香港社區詞詞典》（商務印書館出版）解決了這一難題。

社區詞就是社會區域詞，是在一定的社會區域流通的詞語。《香港社區詞詞典》是一本重要的工具書。

香港和廣州同是粵方言區，有一批共同使用的方言詞，如「食飯」，同時還各自流通着一套社區詞，比如「廉政公署」就是香港社區詞。

港澳台有社區詞，中國領土以外的華人地區也有本社區的社區詞。

像「同志」，它是內地通用的稱謂，港澳台卻指同性戀，因此它作為同性戀者的稱呼是港澳台地區的社區詞。

考試的時候可以使用社區詞嗎？當然。但有時需要稍微解釋一下，比如你想說去台灣旅遊的見聞，你可以這樣說：「在台北時，我主要坐地鐵，台灣叫捷運，因為坐捷運又方便又便宜……」只用一點兒時間稍微解釋一下捷運是什麼，考官就明白了，接下來你可以放心大膽地使用這個詞了。當然，如果越解釋人家越糊塗，那你就別用了。

3分鐘練習

下面的詞語中哪些是社區詞？把它們圈起來。

希望工程	院長	母語	政協
太平紳士	自助餐	韻母	兩文三語

63. 700 年前的利市

大家一定喜歡收利市吧。其實「利市」這個詞早就有了，宋朝的《東京夢華錄》就有「女家親人有茶酒利市之類」。

不僅書本上記載了，瓷器上也有哇！

那年我到河北省邯鄲 (Hándān) 市磁縣博物館參觀，意外地在一個瓶子上看到「招財利市」四個字！它是金代的東西，距今至少 700 年了！當時真是喜出望外。

廣東話一直保留了「利市」這個詞語，一直沿用至今。「利市」普通話說「紅包兒」(hóng bāor)，口語一般兒化。大年三十長輩給的紅包兒叫「壓歲錢」。由於政治、地理等多種原因，廣東話保留了好多古音古語。再舉幾個例子：

1. 睇：廣東話「你睇下」的「睇」普通話發音是 dì。《詩經・山鬼》中有「既會睇兮又宜笑」。已經幾千年了！

2. 幾時：廣東話「你幾時去」的「幾時」。宋朝蘇東坡《水調歌頭》中的第一句「明月幾時有，把酒問青天」。

3. 食：廣東話「食飯」的「食」是動詞。孔子《論語・學而》中有「君子食無求飽，居無求安。」

4. 佢：古時候寫成「渠」。唐朝大詩人杜甫的《憶幼子》中有一句「憶渠愁只睡」，這個「渠」就是「佢」。

下面的古詩詞中，哪幾個字或詞普通話已經不用了，但廣東話仍在使用？把它們圈起來，並在字詞上方標示它們的普通話拼音。

1. 靜愛寒香撲酒樽（唐朝羅隱《梅花》）

2. 日啖荔枝三百顆（宋朝蘇東坡《惠州一絕》）

3. 得閒無所作（唐朝韓愈《東都遇春》）

4. 尋日尋花花不語（宋朝程垓《蝶戀花》）

5. 問君能有幾多愁，恰似一江春水向東流。（唐朝李後主《虞美人》）

64. 網上的童鞋和圍脖

一直以來，我都極力推薦大家用同音字學普通話。比如在報紙上不時會看到不同國家航空母艦或是戰艦訪港的消息，航空母艦的「艦」粵普發音差 (chà) 得很遠，似乎很難記，但是一旦告訴你它跟再見的「見」同音，你還覺得它難嗎？（詳見《我要學好普通話——語音篇》的《用同音字學普通話》。）

熟悉內地情況的人都知道，內地網友跟港人一樣，也愛用諧音。諧音詞就是利用同音字或發音相近的字，它跟外來語、方言、符號等一樣，是網絡語言的組成部分。為什麼用諧音呢？打個比方，像「你是一個好人 (rén)」這句話，如果跟好朋友說，有時可以說「好銀 (yín)」，因為說「好人」太一本正經了，一點兒都不好玩兒。說「好銀」風趣、幽默，很親切。在網上聊天兒也是同樣道理——把網友當成老友。

但要能全部看懂諧音詞語，要有相當的普通話基礎才行。見以下例子：

油菜花 (yóu cài huā)：有才華 (yǒu cái huá)

河蟹 (hé xiè)：和諧 (hé xié)

斑竹 (bān zhú)：版主 (bǎn zhǔ)

圍脖 (wéi bó)：微博 (wēi bó)。「圍脖」即廣東話「頸巾」。

霓虹 (ní hóng)：日本。這是日文音譯。

醬紫 (jiàng zǐ)：這樣子 (zhè yàng zi)。「這樣子」說得快了很像「醬紫」。

飯 (fàn)：粉絲 (fěn sī) 的簡稱，源自英語 fans。

稀飯 (xī fàn)：喜歡 (xǐ huan)。「稀飯」就是粥。

杯具 (bēi jù)：悲劇 (bēi jù)。

有的直接用漢語拼音，比如 GG 就是哥哥，JJ 是姐姐。還有 LZ 是樓主，「主」的聲母是 zh，網民們為節省打字時間，就不打 h 了。

還有一類用數字，如 886 是「拜拜了」、0837 是「你別生氣」、770880 是「親親你抱抱你」。

英文也被「物盡其用」，像 taxi 是「太可惜」。

諧音詞彙風趣、幽默，如果看不懂多掃興。

3分鐘練習

下面句子中的粗體字或詞的意思和拼音是什麼？依照例子把答案寫在橫線上。

例：這是**神馬**？

神馬（shén mǎ）→ 什麼（shén me）

1. 我喜歡**男豬**，不喜歡那個**女豬**。

男豬（　　　　　）→ ________（　　　　　）

女豬（　　　　　）→ ________（　　　　　）

2. 千萬**表**打我！

表（　　　　　）→ ________（　　　　　）

3. 我昨天見到小明**童鞋**。

童鞋（　　　　　）→ ________（　　　　　）

4. 我對你那麼好，你卻對我這樣，**7456**！

7456（　　　　　）→ ________（　　　　　）

5. 這部電視劇不是**洗具**，是**杯具**，而且是**餐具**。

洗具（　　　　　）→ ________（　　　　　）

杯具（　　　　　）→ ________（　　　　　）

餐具（　　　　　）→ ________（　　　　　）

ao an ü k ou

65. 你是特睏生嗎？

如果有人跟你說「你是白骨精」，你一定很生氣。且慢！那是在誇你！

內地不少新詞語對我們來說很陌生。比如「白骨精」，這可不是《西遊記》中的那個妖精，而是白領、骨幹、精英。其他如：

1. 三手病：鼠標手、手機手、遊戲手。因為持續的、單一的動作，使拇指 (mǔ zhǐ) 和手腕 (wàn) 受損。

2. 蛋白質 (zhì) 女孩兒：「蛋白質」是笨蛋、白癡（chī，音同「吃」）、神經質的意思。

3. 特睏生：「特困生」是「特別貧困 (pín kùn) 的學生」，這類學生學校一般會有津貼。「特睏生」是取它的諧音，指一上課就想睡覺的學生。

4. 親：是「親愛的」的簡稱。它比「親愛的」簡潔、親切，南京理工大學招生時，錄取通知書上就寫着「親，我們準備錄取你啦！」、「親，別忘了前來報到」。連外交部在招聘廣告中也用到它：「親，你大學畢業了沒有？」、「親，你外語好嗎？」

5. 賣萌 (méng)：是從日本動漫愛好者中流傳過來的。「萌」形容美好的事物，特別是動漫中的美少女。進入漢

語以後，「萌」有了可愛、性感、討人喜歡的意思。「賣」是炫耀、展露的意思。「賣萌」意思是裝可愛、撒嬌。

6. 吐槽 (tǔ cáo)：也來自日語，先在台灣流行，後來引申了，指讓人難堪等，目前主要有兩種用法：一是揭人家老底——批評別人；二是揭自己老底——表述心聲。

這些詞語充分體現了民間智慧，它們大多出現在網上，或是一些消閒雜誌上。

3分鐘練習

下面句子中的粗體詞是什麼意思？把答案寫在橫線上。

1. 我們家跟你們家一樣，都是**獨二代**。

____

2. 球隊輸球了，球迷衝教練喊「**下課**」。

____

3. 你的字那麼好，怎麼不去當**筆替**呀。

____

4. 現在有很多 **4-2-1** 家庭。

____

5. 我長大可不想當**車奴**。

____

66. 好多詞句都與「吃」有關

俗話說「民以食為天」，不管是廣東話還是普通話，都有很多與吃喝有關的詞語、俗語。

1. 吃不消：承受不起、受不了。相當於廣東話的「頂唔順」。

2. 吃飽了撐的：沒事找事、多此一舉、把精力放在沒用的事情上。「撐」指吃得太飽，如「我吃得太撐了」。例：我照顧你們三兄弟還忙不過來呢，還要我養狗，我吃飽了撐的？

3. 吃不飽：能力強但工作量小或老師授課內容太簡單。

4. 吃緊：情勢緊迫。例：馬上就高考了，眼下正是吃緊的時候，這件事考完再說吧。

5. 看菜吃飯，量體裁衣：根據實際情況作出適合的處理。

6. 喝西北風：挨餓。

7. 啞巴 (yǎ ba) 吃餃子——心裏有數：嘴上不說，心裏明白。

8. 吃豹子膽：膽大妄為。

9. 不是吃素的：不是好惹的。

10. 心急吃不了熱豆腐：急於求成往往事與願違。

11. 吃透：對問題了解得很透徹。例：他這話是什麼意思，我還吃不透。

12. 吃不了兜着走：做辦不到或不該做的事，將會給自己帶來不良的後果。

13. 吃豆腐 (dòu fu)：佔異性的便宜。

14. 吃小灶 (zào)：享受特殊照顧。

15. 寅吃卯糧 (yín chī mǎo liáng)：寅年吃卯年的糧食，提前消費。

像濃縮果汁一樣，這些都是經過高度提煉的語言，如果能夠正確使用，你的語言會更加精煉和傳神。一定要找機會試試！

3分鐘練習

把文中介紹的俗語，填在適當的橫線上完成句子。

1. 姑姑白天上班，晚上唸夜校，我真怕她 ______________________。
2. 我不敢再抽煙了，要讓我太太知道了，我就 ______________________。
3. 不工作怎麼行？吃什麼？難道 ____________ 嗎？
4. 上課講的內容他 ____________，我還要專門給他出點兒有難度的練習。
5. 對成績上不去的同學要專門給他們 ______________________，不能放棄。

67. 不吃白不吃

介紹一個與「白」字有關的習慣說法：不～白不～。

「～」是動詞，可以根據實際情況代入動詞，沒有特別的規定。我們這裏暫時用「去」字代替，「不去白不去」的意思就是：因為不用付出代價，所以不去的話就吃虧了、就失去了一次好機會。看例子：

1. 甲：公司業績好，聖誕請員工去台灣玩兒，你去嗎？

　乙：那還用說，不去白不去。

2. 甲：老闆請客，你去不去？

　乙：當然去啦，不吃白不吃。

3. 甲：廣告公司送了電影票，不看白不看。你去嗎？

　乙：真不巧，我一早約了人。

看了上面的例子，不用我解釋，相信讀者已經得出了結論：做出這一行為的一方不用付出代價，是得到好處 (hǎo chu) 甚或佔了便宜 (pián yi) 的一方。

這是個使用非常廣泛的慣用語，簡單、直接、生動，大家不妨找機會試着說一說。

但千萬可別不分場合說，也別跟什麼人都說。打個比方：你姐姐要去相親，對方問：「要吃甜品嗎？餐廳免費送的。」你姐姐說：「吃！不吃白不吃。」姐姐給對方的感覺說得好聽點兒是直率、不做作，說得不好聽是貪小便宜。穩妥起見，姐姐還是等兩人感情穩定了再這麼說吧。

3分鐘練習

把適當的字詞寫在橫線上，完成句子。

1. 看！那兒有免費記事本拿，過去拿一本，不 ______ 白不 ______。

2. 甲：露天廣場有音樂演奏，你去聽嗎？

   乙：去呀，又不用花錢買票，不聽 ______ 不聽。

3. 媽媽那麼辛苦給你包餃子，你卻不吃，媽媽不是 ______ 了嗎？

4. 女兒給你買的補品你不吃，都過期了，______ 花錢了。

5. 甲：喂！前邊有人發紙巾，去拿一包吧，不 ______ ______。

   乙：算了，還得過馬路。

ao an ü k ou

後記

我從 2007 年 10 月開始在香港《經濟日報》撰寫普通話專欄，不知不覺已經寫了好幾百篇了，於是就有了結集出版的想法。感謝何文匯教授的引薦、新雅文化事業有限公司副總編輯何小書女士的鼓勵及劉慧燕小姐的支持。感謝新雅幫我達成了這個願望。

《我要學好普通話——語音篇》談語音，這本《我要學好普通話——詞彙篇》除了討論普通話詞彙、語法，相當一部分內容與中文有關，比如同是中國人的地方，要表達同一個意思，香港、內地、台灣的表達方式就不完全相同。

這兩本小書有什麼特點呢？特點就是：專題專論。學校的教科書一般按單元編排，如「我們的學校」之類，坊間普通話教材的編排也是以內容為主題。這兩本書一篇一個專題，深入探討，比如廣東話說「豬朋狗友」，普通話就要說「狐朋狗友」、香港和內地都用「揚言」這個詞，但含義卻不完全一樣，等於是課餘的延展學習。

現在越來越多的人能說一口漂亮的普通話，你一定不想落後吧，希望這兩本書對你能有幫助！

畢宛嬰

2013 年 6 月

1.（P. 10）

1. 我借花獻佛，把表姐送給我的毛衣給了堂妹。
2. 媽媽三番五次勸他他都不聽，結果前功盡棄。
3. 他不管三七二十一，迫不及待地衝了出去。
4. 你真是異想天開，我說肯定不行！
5. 這個網頁的內容包羅萬象，版面設計五彩繽紛，很吸引人。

2.（P. 12）

1. 兇　2. 發　3. 穿　4. 稀　5. 痲

3.（P. 14）

普通話詞彙：妒忌、歡喜

4.（P. 16）

1. 科大　2. 復旦　3. 港府
4. 平機會　5. 金毛

5.（P. 18）

1. 她的肩膀很漂亮，穿晚裝很好看。
2. 阿明的胳膊斷了，最少要休息一個月。
3. 我的手很冷，媽媽用她的手包住我的手，很暖和。
4. 你的手又白又嫩，一看就知道你在家裏什麼都不幹。
5. 姐姐的胳膊很細。

6.（P. 20）

一、1. 腳　2. 腿　3. 腿　4. 腳
　　5. 腳

二、1. 上臂　2. 前臂　3. 手
　　4. 腿　5. 腳

7.（P. 23）

1. J　2. F　3. C　4. D　5. E
6. G　7. I　8. H　9. A　10. B

8.（P. 25）

1. 工作：我的活兒還沒幹完呢
2. 產品：這批活兒不錯
3. 工作：那麼多活兒誰幹呢
4. 家務：我整天在家做活兒
5. 事：這麼多活兒你幫我幹

9.（P. 27）

1. 姐姐幾乎一看電影就哭。
2. 我一直特別想要這雙鞋。
3. 老闆，炸豬排飯，拿走。
4. 外公 / 姥爺進了醫院，今天我跟媽媽去看他。
5. 有我在這兒，你別怕。

10.（P. 30）

1. 捏　2. 捏　3. 削　4. 剝　5. 剝
6. 掰　7. 摳　8. 拽　9. 掐　10. 捂
11. 揉　12. 揉　13. 蘸

11.（P. 33）

1. 走　2. 走，走　3. 行

4. 行　5. 走

12.（P. 35）

1. 打　2. 要　3. 打　4. 打　5. 打

13.（P. 37）

1. 掉　2. 扔　3. 掉　4. 丟　5. 丟

14.（P. 39）

1. 下　2. 擱 / 放　3. 擱 / 放

4. 下　5. 下

15.（P. 41）

1. 挑，挑　2. 撿　3. 撿

4. 揀 / 挑　5. 挑，揀

16.（P. 44）

1. 我不喜歡男孩子的鬢角太長。
2. 妹妹不會游泳，一定要帶救生圈啊！
3. 你別利用他。
4. 你別請他倆喝茶啦，他們兩個翻臉了。
5. 他萬一有個三長兩短，我會後悔一輩子的。

17.（P. 47）

1. 班房　2. 小氣　3. 醒目

4. 抵死　5. 返工

18.（P. 49）

1. 沙發上有三個靠墊。
2. 今天我吃果凍 / 啫喱、巧克力和三明治。
3. 我長大後要做宇航員，坐航天飛機上太空。

19.（P. 52）

1. 我外婆/姥姥去年移民去加拿大了。
2. 今天媽媽請爺爺、奶奶飲茶 / 喝茶。
3. 我外公/ 姥爺很久之前就去世了。
4. 我跟我婆婆關係不錯。
5. 我婆婆跟我外公 / 姥爺、外婆 / 姥姥很少見面。

20.（P. 55）

1. 我姑父 / 姑夫有很多頭銜。
2. 公公、婆婆很疼我。
3. 我外甥女是行政人員。
4. 我跟婆婆關係很好，跟大姑子關係也不錯。
5. 我姨和姨父 / 姨夫從巴西回來了，我媽回娘家了，她會在那裏住幾天才回來。

21.（P. 58）

陳先生：醫生，我「頭痛」！

醫生：去照張頭部的 X 光片吧。

陳先生：不！是這裏！
醫生：原來你是肚子疼，不是頭疼。

22.（P. 60）
1. 我的腳從來沒踒過 / 我的腳從來沒有扭傷過。
2. 媽媽那條項鏈很漂亮。
3. 你為什麼無緣無故罵他？
4. 我落枕了，脖子很疼。
5. 用電腦一個小時就要活動一下脖子，起來走走。

23.（P. 62）
1. 他來了嗎？來了。
2. 你今天跑步了嗎？跑了。
3. 你有小孩兒嗎？有。
4. 你看過《鐵金剛》嗎？/ 你看《鐵金剛》了嗎？我看了。
5. 你幫媽媽做家務嗎？我會幫她做家務。

24.（P. 64）
1. 豆沙餡兒 / 紅豆沙餡兒
2. 紅豆湯
3. 豆沙 / 紅豆沙
4. 芝麻餡兒 / 黑芝麻餡兒
5. 蒜末兒

25.（P. 67）
1. 菠蘿　2. 橙　3. 牛油果
4. 李子　5. 奶油蛋糕　6. 盒飯

26.（P. 69）
1. 土豆沙拉。
2. 花生、肉、糯米。
3. 土豆泥。
4. 台灣：做護貝；內地：壓膜兒、過塑。
5. 花生豬腳。

27.（P. 72）
貶義詞：風騷、囂張、好高騖遠、
風言風語、愛財如命、
順手牽羊

28.（P. 76）
一、1. 根　2. 層　3. 家　4. 個　5. 股
二、1. B　2. E　3. D　4. A　5. C

29.（P. 80）
1. 一班，一班人　2. 一撥
3. 一批　4. 一幫人

30.（P. 82）
1. 寬　2. 闊　3. 肥　4. 闊　5. 寬

31.（P. 84）
1. 靠一個烏龍球，甲隊贏了乙隊。
2. 又中橫樑又中門框，就是射不中。
3. 他因為肘擊，被裁判罰了出去。
4. 靠阿強一個挑射，甲隊贏了乙隊。

5. 守門員黃油手，球滾到了右邊，
阿榮撿漏兒射進球門。

32.（P. 86）

1. 跟小學生掰腕子都輸，回去練俯卧撐啦！
2. 我每晚睡覺前做 50 次 / 個仰卧起坐，腰還這麼粗。
3. 今天體育課我們玩跳山羊，真開心！
4. 我爺爺每天都晨練，他在公園打太極拳。
5. 我外甥女現在練花樣游泳，劈叉、窩腰難不倒她。仰泳？當然會啦！

33.（P. 88）

1. 20 個塘。
2. 水面上的泡泡。
3. 我可以游 150 米。
4. 我還想游 100 米。
5. 游泳衣、游泳褲、救生圈、浮板等。

34.（P. 90）

1. pāo：一泡尿；pào：水泡 / 泡菜 / 泡澡。
2. sā：撒謊、撒嬌；sǎ：播撒、撒種。
3. 佔着位置，不走也不幹活兒。造句：他升職半年了，什麼也沒幹，佔着茅坑不拉屎！
4. 泡澡。
5. 別浪費水，洗澡應該洗淋浴。

35.（P. 93）

1. A, G, H
2. B, C, D, E, F, I, J

36.（P. 95）

1. 崩口人忌崩口碗
2. 死雞撐飯蓋
3. 邊有咁大隻蛤乸隨街跳
4. 牛唔飲水唔撳得牛頭低
5. 雞髀打人牙骹軟

37.（P. 97）

1. 蘿蔔青菜，各有所愛
2. 親兄弟，明算賬
3. 山中無老虎，猴子稱大王
4. 打破砂鍋紋（問）到底
5. 一是一，二是二

38.（P. 99）

1. 沉悶　2. 煩悶　3. 納悶兒
4. 納悶兒　5. 沉悶

39.（P. 101）

1. 少　2. 小　3. 小　4. 少　5. 少

40.（P. 103）

1. 端盤子的 → 服務員
2. 老頭子 → 老爺爺 / 老伯伯
3. 廚子 → 廚師
4. 撿破爛兒 → 回收垃圾

5. (戲子) → 演員 / 藝人

41.（P. 105）

一、

1. 兩點了，走啦！快遲到啦！

2. 放學的時候，值班老師提醒同學：「別跑！慢慢走！」

3. 壞啦！下大雨啦！快點跑哇！

二、

1. 走　2. 跑　3. 跑

42.（P. 107）

1. 哪　2. 那　3. 哪　4. 哪　5. 那

43.（P. 109）

1.

主人：這條魚是活的，很新鮮，你多吃點兒啊。

客人：我吃了很多了。

主人：這碟貴妃雞是這裏的招牌菜，你不吃牛肉，吃雞呀。

客人：好哇，再吃一塊。

主人：你吃米飯嗎？

客人：好啊，這兒的米很好吃。

2.

主人：呢碟貴妃雞係呢度嘅招牌菜，你唔食牛肉，(食雞啦)。

主人：(你要唔要飯)？

44.（P. 111）

1. 會　2. 懂　3. 懂

4. 會　5. 懂，會

45.（P. 113）

1. 我不知道怎麼去，要去你自己去。

2. 爸爸認識陳叔叔很長時間了。

3. 其實我不明白這位伯伯說什麼。

4. 媽媽會畫油畫。

5. 爺爺不會用數碼相機，叫我教他。

46.（P. 115）

1. 痛　2. 疼　3. 疼　4. 痛　5. 疼

47.（P. 117）

1. ✗　2. ✓　3. ✓　4. ✗　5. ✗

48.（P. 120）

1. ✗　2. ✓　3. ✗　4. ✓　5. ✓

49.（P. 122）

1. A

2. 感情色彩不同，前者太直接，會令人不快；後者委婉，比較客氣。

3. 感情色彩不同，說「他奶奶死了」不尊重死者，沒有禮貌。

50.（P. 124）

1. 盤　2. 盤　3. 盆，盆

4. 盆　5. 盤

51.（P. 126）

1. 面　2. 臉　3. 臉
4. 臉　5. 麪

52.（P. 128）

一、

1. (1) 我沒工夫。 (2) 我沒時間。
(3) 我沒空兒。
2. (1) gōng fu piàn
(2) gōng fu piānr

53.（P. 131）

1. C　2. B　3. A　4. C　5. B

54.（P. 133）

1. 花冠　2. 花圈　3. 花圈
4. 花環　5. 花冠

55.（P. 135）

1. 迫　2. 逼　3. 迫
4. 逼，迫，迫　5. 逼

56.（P. 138）

已被收進《現代漢語詞典》的詞彙：巴士、寫字樓、靚女、高企、穿幫、搞掂、便當（不輕聲）、狗仔隊、手信

（答案以《現代漢語詞典》第六版為準）

57.（P. 140）

方言詞語：烏龍、靚仔、電飯煲、埋單、雪條、雪藏

（答案以《現代漢語詞典》第六版為準）

58.（P. 142）

1. C、E　2. A、D　3. A、D
4. A、D　5. B、E

59.（P. 144）

1. 圓珠筆　2. 自動鉛筆
3. 口香糖　4. 電視劇 / 電視連續劇
5. 肥皂　6. 轉筆刀
7. 曲別針　8. 板擦兒

60.（P. 146）

1. 窩心　2. 便當（輕聲）
3. 荸薺　4. 帶子　5. 鴛鴦

61.（P. 148）

1. 他們買了三明治、熱狗，由志強買單。
2. 表哥平時很酷，不理人，只有唱卡拉 OK 時才「原形畢露」。
3. 李先生買樓花花了一大筆錢，但那個樓盤卻爛尾了。
4. 他被炒魷魚之後就在家裏當宅男。
5. 今晚電視播《影視金曲大放送》。

62.（P. 150）

社區詞：希望工程、政協、太平紳士、兩文三語

63.（P. 152）

1. 樽：zūn
2. 啖：dàn
3. 得閒：dé xián
4. 尋日：xún rì
5. 幾多：jǐ duō

64.（P. 155）

1. 男豬（nán zhū）➔ 男主（nán zhǔ）
   女豬（nǚ zhū）➔ 女主（nǚ zhǔ）
2. 表（biǎo）➔ 不要（bú yào）
3. 童鞋（tóng xié）➔ 同學（tóng xué）
4. 7456（qī sì wǔ liù）
   ➔ 氣死我了（qì sǐ wǒ le）
5. 洗具（xǐ jù）➔ 喜劇（xǐ jù）
   杯具（bēi jù）➔ 悲劇（bēi jù）
   餐具（cān jù）➔ 慘劇（cǎn jù）

65.（P. 157）

1. 獨二代：第二代獨生子女，即獨生子女的父母也是獨生子女。
2. 下課：停止某人的工作。
3. 筆替：在影片中代替演員寫字的人。
4. 4-2-1：一個家庭中，由四個老人、兩個中年人和一個小孩兒組成。
5. 車奴：買車之後艱難地供車的人。

66.（P. 159）

1. 吃不消　2. 吃不了兜着走
3. 喝西北風　4. 吃不飽
5. 吃小灶

67.（P. 161）

1. 拿、拿　2. 白　3. 白包
4. 白　5. 不拿白不拿

附錄

一、常見粵普成語、俗語對照表

	廣東話	普通話
1	一日到黑	一天到晚
2	一年到尾	一年到頭
3	一時三刻	一時半會
4	三心兩意	三心二意
5	三番四次	三番五次
6	三陽啟泰	三陽開泰
7	四方八面	四面八方
8	七七八八	八九不離十
9	七上八落	七上八下
10	七彩繽紛	五彩繽紛
11	蛇頭鼠眼	獐頭鼠目
12	豬朋狗友	狐朋狗友
13	龍精虎猛	生龍活虎
14	騎驢搵馬	騎驢找馬
15	老貓燒鬚	陰溝裏翻船
16	牛高馬大	人高馬大
17	雞飛狗走	雞飛狗跳
18	加鹽加醋	添油加醋
19	死纏爛打	軟磨硬泡
20	大模斯樣	大模大樣
21	恃老賣老	倚老賣老
22	不枉此行	不虛此行
23	不經不覺	不知不覺
24	冇大冇細	沒大沒小
25	天花龍鳳	天花亂墜 (zhuì)
26	水浸眼眉	火燒眉毛
27	包羅萬有	包羅萬象
28	生安白造	胡編亂造
29	甩甩咳咳	結結巴巴
30	白手興家	白手起家
31	多除少補	多退少補
32	好食懶飛	好吃懶做
33	有頭有面	有頭有臉
34	自動自覺	自覺自願
35	行雷閃電	打雷打閃
36	似模似樣	像模像樣
37	坐食山崩	坐吃山空
38	妙想天開	異想天開
39	扭扭擰擰	扭扭捏捏 (niē niē)
40	來來回回	來回來去
41	姐手姐腳	笨手笨腳
42	官官相衞*	官官相護
43	肥肥白白	白白胖胖
44	花哩花碌	花裏胡哨 (huā li hú shào)
45	阻頭阻勢	礙手礙腳
46	前功盡廢	前功盡棄
47	咪咪磨磨	磨磨蹭蹭
48	急不及待	迫不及待
49	歪歪斜斜	歪歪扭扭
50	苦口苦面	哭喪着臉

二、粵普詞序顛倒詞語表(節選)

	廣東話	普通話
51	面紅耳熱	面紅耳赤
52	面面俱圓	面面俱到
53	借花敬佛	借花獻佛
54	烏燈黑火	黑燈瞎火
55	家傳戶曉	家喻戶曉
56	時來運到	時來運轉
57	神乎其技	神乎其神
58	神神化化	神神叨叨(dao dāo)
59	窿窿罅罅	犄角旮旯（jī jiǎo gā lár）
60	偷呃拐騙	坑蒙拐騙
61	勞師動眾*	興師動眾
62	喊苦喊忽	哭哭啼啼
63	無端白事	無緣無故
64	稍安毋躁	少安毋躁
65	詐傻扮懵	裝傻充愣 (lèng)
66	飲飲食食	吃吃喝喝
67	過橋抽板	過河拆橋
68	零零丁丁	零零碎碎
69	與時並進	與時俱進
70	嘘寒問暖*	問寒問暖
71	廢寢忘餐*	廢寢忘食
72	撫心自問	捫 (mén) 心自問
73	標奇立異	標新立異
74	轉彎抹角	拐彎抹 (mò) 角
75	靈機一觸	靈機一動

	廣東話	普通話
1	人客	客人
2	大覺瞓	睡大覺
3	布碎	碎布
4	妒忌*	忌妒 (jì du)
5	私隱	隱 (yǐn) 私
6	肚瀉	瀉肚
7	取錄	錄取
8	和暖*	暖和(huo)
9	承繼	繼承
10	背脊*	脊背
11	訂裝	裝訂 (dìng)
12	食飯盒	吃盒飯
13	唔緊要	不要緊
14	紙碎	碎紙
15	紙鎮	鎮紙
16	臭狐	狐臭
17	晨早	早晨
18	爽直*	直爽
19	經已	已經
20	漆油	油漆
21	齊整*	整齊
22	質素	素質
23	擠擁	擁擠
24	蹺蹊	蹊蹺 (qī qiao)
25	韆鞦	鞦韆

三、粵普各取一字詞語表

(1) 普通話取用後一個字的詞語：

	詞語	廣東話	普通話
1	乞討	**乞**食	**討**飯
2	生長	**生**得靚	**長**得漂亮
3	生活	呢條魚係**生**嘅	這條魚是**活**的
4	田地	耕**田***	種**地**
5	光亮	好**光**	很**亮**
6	冰涼	你隻手點解咁**冰**	你的手怎麼那麼**涼**
7	行走	快啲**行**	快點兒**走**
8	折疊	**折**衫	**疊**衣服 (dié yī fu)
9	沙啞	聲**沙**	嗓子**啞** (sǎng zi yǎ)
10	使用	隨便**使**	隨便**用**
11	奇怪	**奇**嘞！點會咁？	**怪**了！怎麼會這樣？
12	油漆	仲未油**油**	還沒上**漆**
13	玩耍	你唔好**玩**我	你別**耍** (shuǎ) 我
14	肥胖	好**肥**	很**胖**
15	返回	**返**去睇	**回**去看
16	派發	**派**卷	**發**卷子 (juàn zi)
17	計算	**計**一**計**	**算**一**算**
18	浸泡	**浸**一**浸**	**泡**一**泡**
19	紐扣	用咗粒**紐**	掉了一個**扣**子 (kòu zi)
20	耕種	**耕**田*	**種**地
21	符咒	冇佢**符**	沒**咒**唸 (méi zhòu niàn)
22	細小	公園好**細**	公園很**小**
23	場地	墳**場**	墳**地**、墓**地**
24	筆畫	呢個字總共九**筆**	這個字一共九**畫**
25	黑暗	**黑**房	**暗**室

	詞語	廣東話	普通話
26	傾談	**傾**吓	**談**一**談**
27	微小	機會好**微**	機會很**小**
28	搖晃	**搖**來**搖**去*	**晃** (huàng) 來**晃**去
29	溶化	雪糕**溶**咗	雪糕**化**了
30	嘔吐	佢**嘔**咗好多次	他**吐** (tù) 了好幾次
31	塵土	全部係**塵**	全是**土**
32	滾開（指沸水）	水**滾**咗	水**開**了
33	熄滅	火**熄**咗	火**滅**了
34	監牢	坐**監**	坐**牢**
35	墳墓	**墳**場	**墓**地、墳地
36	廢棄	前功盡**廢**	前功盡**棄**
37	憂愁	唔使**憂**	不用**愁**
38	憎恨	好**憎**佢	很**恨**他
39	潦草	啲字咁**潦**嘅？	字怎麼寫得這麼**草**哇？
40	遮擋	唔好**遮**住	別**擋**着 (dǎng zhe)
41	操練	**操**咗好耐	**練**了很久
42	整修	**整**好咗	**修**好了
43	興起	白手**興**家	白手**起**家
44	雕刻	**雕**工精細	**刻**工精細
45	儲存	**儲**錢	**存**錢
46	醫治	**醫**病	**治**病
47	蠢笨	好**蠢**	真**笨**
48	霸佔	**霸**位	**佔**座兒
49	驚慌	唔使**驚**	別**慌**
50	籮筐	一**籮**	一**筐** (kuāng)

(2) 普通話取用前一個字的詞語：

	詞語	廣東話	普通話
1	兇惡	佢好**惡**	他很**兇**
2	新奇	標**奇**立異	標**新**立異
3	冰雪	**雪**櫃	**冰**箱
4	把柄	手**柄***	**把**手 (bǎ shou)、**把**兒 (bàr)
5	冷凍	好**凍**	很**冷**
6	沉重	書包好**重**	書包很**沉**
7	招惹	你唔好**惹**佢	你別**招**他
8	服裝	西**裝***	西**服**
9	房屋	買**屋**	買**房**子
10	挑揀	埋嚟**揀**啊	快來**挑**哇
11	挖掘	**掘**個窿	**挖**個洞
12	胡亂	**亂**講	**胡**說
13	盼望	我就**望**你讀大學	我就**盼**着你上大學
14	看望	你**望**乜嘢	你**看**什麼
15	穿着	**着**衫	**穿**衣服
16	捆綁	**綁**實	**捆**緊點兒 (kǔn jǐn diǎnr)
17	破損	**損**咗	**破**了
18	胸襟	**襟**章	**胸**章
19	座位	有**位**	有**座**兒
20	疼痛	胃**痛**	胃**疼**
21	理睬	佢唔**睬**我	他不**理**我
22	堵塞	**塞**住佢把口	把他的嘴**堵**上
23	進入	請**入**	請**進**
24	麻痹	寫到手**痹**	寫得手都**麻**了
25	混濁	水好**濁**	水很**混** (hún)

	詞語	廣東話	普通話
26	敞開	**開**住門	**敞** (chǎng) 着門、開着門
27	量度	**度一度**	**量一量** (liáng yi liáng)
28	稀罕	物以**罕**為貴	物以**稀**為貴
29	道路	行人**路**	人行**道**
30	碰撞	我今日**撞**到佢	我今天**碰**到他了
31	號碼	大**碼**嘅	大**號**的
32	躲避	你**避一避***	你**躲一躲**
33	誇讚	老師**讚**我	老師**誇** (kuā) 我
34	溝渠	坑**渠**	陰**溝**
35	溫暖	**暖**水	**溫**水
36	酸軟	腳**軟**	腿都**酸**了
37	管理	佢都唔**理**	他都不**管**
38	説話	佢**話**嘅	他**説**的
39	瘋癲	佢**癲**咗	他**瘋**了
40	寬闊	馬路好**闊**	馬路很**寬**
41	調校	**校一校**	**調一調** (tiáo yi tiáo)
42	頭尾	行到**尾**	走到**頭**兒
43	藏匿 (cáng nì)	**匿**埋	**藏** (cáng) 起來
44	虧蝕	**蝕**本	**虧**本 (kuī běnr)
45	鬍鬚	有**鬚**	有**鬍**子
46	護衛	官官相**衛***	官官相**護**
47	鑲嵌	**嵌**落去	**鑲** (xiāng) 進去

*注1：表一參考《現代漢語詞典》（商務印書館）。

注2：以上各表中標注*符號的表示該説法在普通話中亦存在，然而在現實生活中，尤其是口語中卻少用甚至不用。

中文第一教室

我要學好普通話 —— 詞彙篇

作　　者：畢宛嬰
繪　　畫：陳焯嘉
責任編輯：劉慧燕
設計製作：新雅製作部
出　　版：新雅文化事業有限公司
香港英皇道499號北角工業大廈18樓
電話：（852）2138 7998
傳真：（852）2597 4003
網址：http://www.sunya.com.hk
電郵：marketing@sunya.com.hk
發　　行：香港聯合書刊物流有限公司
香港新界大埔汀麗路36號中華商務印刷大廈3字樓
電話：(852) 2150 2100　傳真：(852) 2407 3062
電郵：info@suplogistics.com.hk
印　　刷：中華商務彩色印刷有限公司
香港新界大埔汀麗路36號
版　　次：二〇一三年六月初版
10 9 8 7 6 5 4 3 2 1

ISBN: 978-962-08-5754-6

18/F, North Point Industrial Building, 499 King's Road, Hong Kong.
Published and printed in Hong Kong